THIS BOOK BELONGS TO

....

Japanese puzzles also known as Nonograms, Griddler, Paint by Numbers, Hanjie or Picross are a kind of very addictive logic puzzles, in which you have to paint some fields by following the numbers and you will see that the fields will form a picture.

✓ Each puzzle has only one solution.

✓ You can solve puzzles using only logical thinking - no guessing needed.

✓ No repetitive puzzles.

Arrow

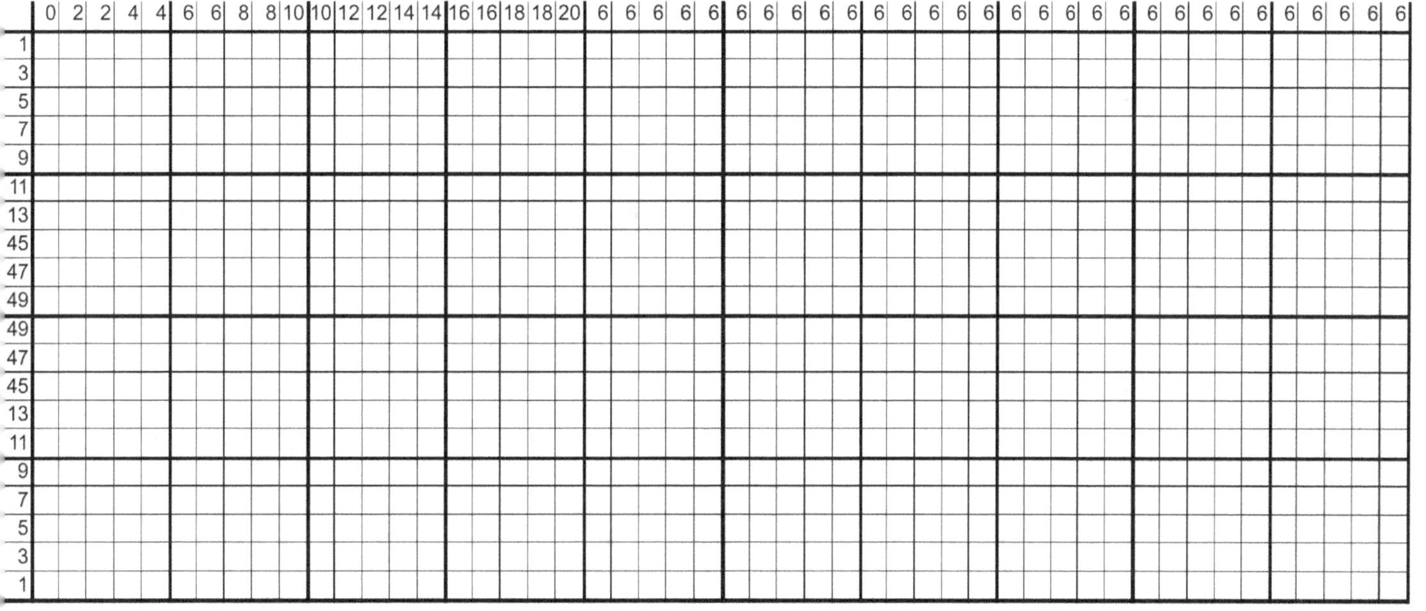
0 2 2 4 4 6 6 8 8 10 10 12 12 14 14 16 16 18 18 20 6 6 6 6 6 6 6 6 6 6 6 6 6 6 6 6 6 6 6 6 6 6 6 6 6 6 6 6 6 6
1
3
5
7
9
11
13
45
47
49
49
47
45
13
11
9
7
5
3
1

Boot

Column	Clue
1	0
2	47
3	1 2 2 2
4	1 2 2 2
5	1 2 2 5
6	1 2 2 4
7	1 2 2 5
8	1 2 2 2
9	1 2 2 2
10	1 2 2 2
11	1 2 2 2
12	1 2 2 5
13	1 2 2 4
14	1 2 2 5
15	1 2 2 2
16	1 2 2 2
17	1 2 2 2
18	1 2 2 2
19	1 2 2 5
20	1 2 2 2 4
21	1 2 2 2 2 5
22	1 15 2 2
23	1 2 2 1 2 2
24	1 2 2 1 2 2
25	21 2 2 2
26	21 3 2 5
27	5 2 4
28	4 2 2 5
29	2 3 2 2
30	4 2 2
31	4 2 2 2
32	3 3 2
33	2 1 3 5
34	7 3 4
35	2 1 9
36	2 1 4 2
37	5 5 2
38	4 5 4
39	4 5 2
40	4 5 2
41	3 5 2
42	3 5 4
43	3 5 4
44	3 10
45	2 8
46	3 8
47	3 5 3
48	9 3
49	10
50	0

Row	Clue
1	0
2	25
3	1 2
4	1 2
5	1 2
6	1 2
7	1 2
8	1 2
9	25
10	25
11	1 1 2
12	1 1 2
13	1 1 2
14	1 1 2
15	1 1 2
16	1 7
17	1 7
18	1 1 2
19	1 1 2
20	1 1 2
21	1 1 3
22	1 8
23	1 2 2
24	1 3
25	1 6
26	1 2 3
27	1 2 5
28	1 9
29	1 2 7
30	1 2 1 8
31	1 1 10
32	1 15
33	1 1 3
34	1 2
35	1 2
36	1 2
37	1 3
38	1 7
39	1 13
40	1 18
41	48
42	45 1
43	1 8 6
44	1 3 3 3 3 3 6
45	1 3 3 3 3 3 11
46	1 3 3 3 3 3 7
47	37 3
48	4 6 6 6 6 4 2

Plane

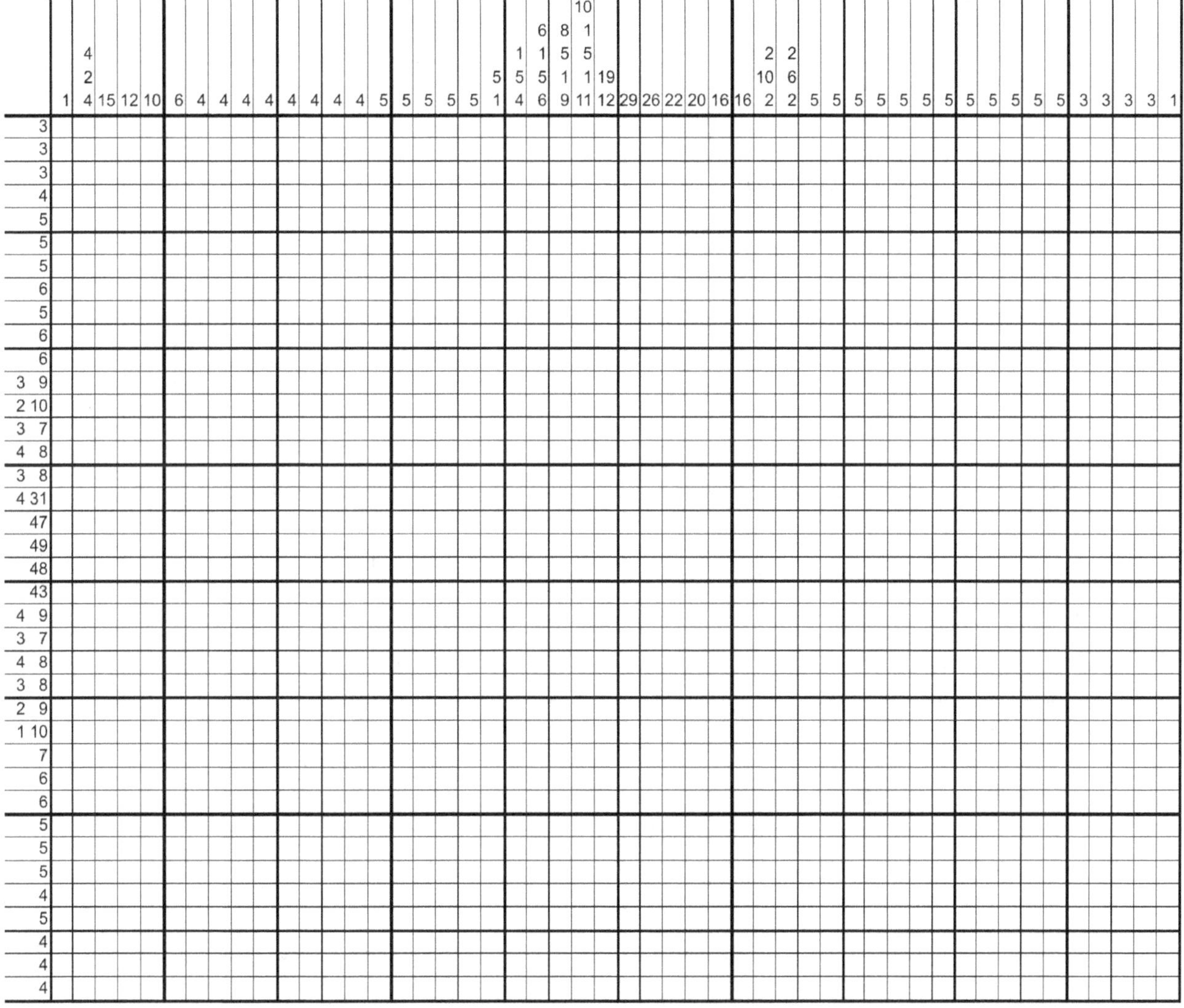
1
4 2 4
15
12
10
6
4
4
4
4
4
4
4
4
5
5
5
5
5
5 1
1 5 4
6 1 5 6
8 5 1 9
10 1 5 1 11
19 12
29
26
22
20
16
16
2 10 2
2 6 2
5
5
5
5
5
5
5
5
5
5
5
5
3
3
3
3
1
3
3
3
4
5
5
5
6
5
6
6
3 9
2 10
3 7
4 8
3 8
4 31
47
49
48
43
4 9
3 7
4 8
3 8
2 9
1 10
7
6
6
5
5
5
4
5
4
4
4

Obama

																		5	5	5																
											4							1	6	4	5															
								8			1					5	5	1	2	3	3															
								1		6	1	4		5	5	1	2	2	1	1	2	6	7													
							9	2	8	1	3	1	4	3	3	1	1	1	1	2	1	3	5	16		15										
						6	2	2	2	4	8	1	4	2	3	3	2	1	1	1	2	7	3	1	15	16	23	16	14	5						
12	12	13	13	14	14	14	15	15	16	18	7	9	6	5	2	1	2	7	5	2	2	3	6	8	10	4	18	16	15	15	14	14	14	13	13	13

0
8
13
16
18
19
4 6
3 7
4 7
3 6
3 6
3 6
2 6
2 7
1 3 10
1 5 11
2 1 3 12
1 1 3 1 2 8
1 1 5
1 1 2 4
1 1 2 4
2 2 3
2 4 3
2 2 1 2
2 2 2
1 7 2
1 2 1 2 2
2 2 2 3
1 3 3 3
2 4 4
1 4
3 4
5 5
7 6
8 8
8 7 7
10 9
11 11
12 10
12 10
11 10
11 10
11 4 10
12 4 10
12 2 10
12 2 10
12 2 11
12 1 11
12 2 11
12 2 11

Headphones

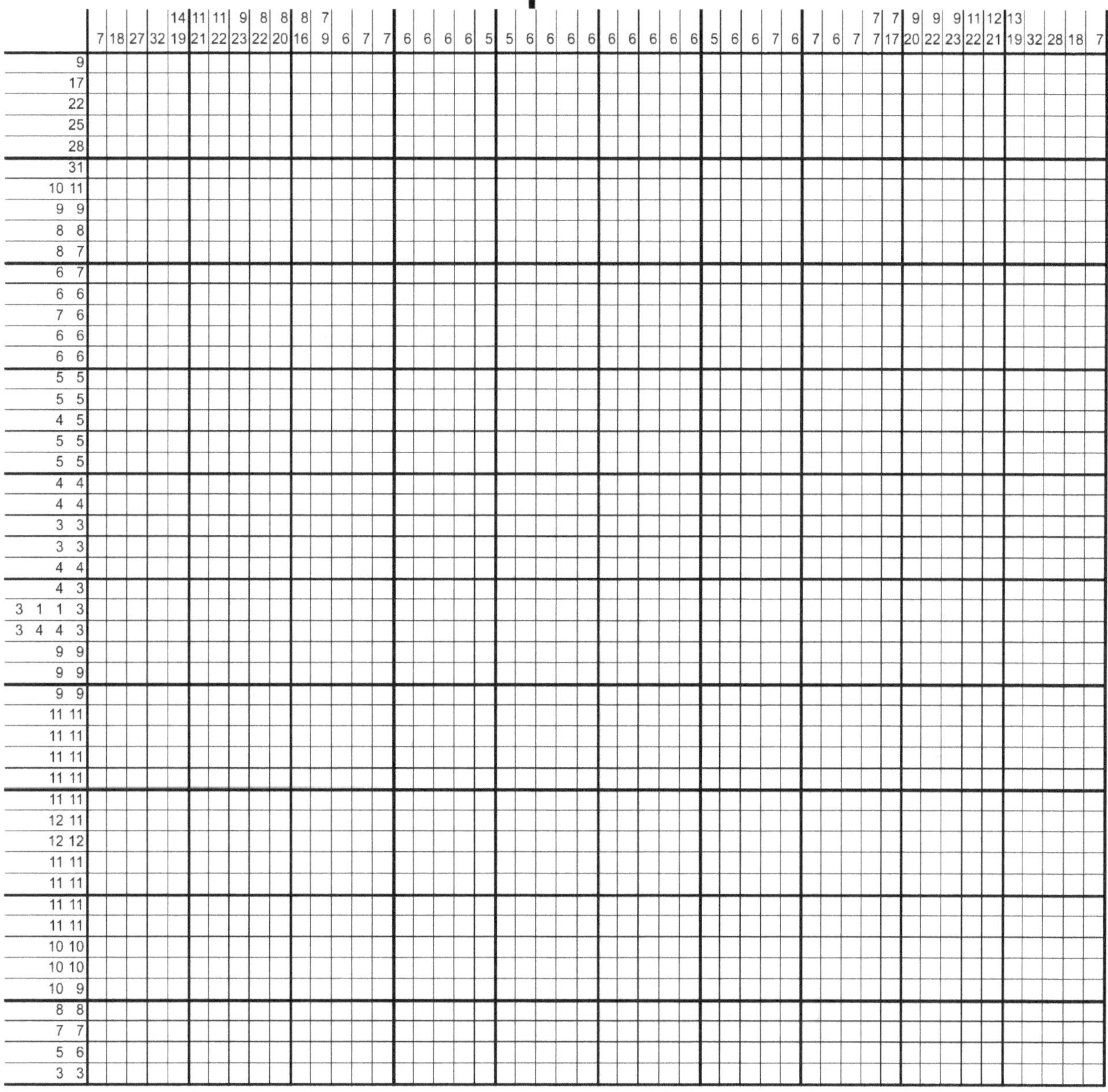
14 11 11 9 8 8 8 7 7 7 9 9 9 11 12 13
7 18 27 32 19 21 22 23 22 20 16 9 6 7 7 6 6 6 6 5 5 6 6 6 6 6 6 6 6 6 5 6 6 7 6 7 6 7 7 17 20 22 23 22 21 19 32 28 18 7
9
17
22
25
28
31
10 11
9 9
8 8
8 7
6 7
6 6
7 6
6 6
6 6
5 5
5 5
4 5
5 5
5 5
4 4
4 4
3 3
3 3
4 4
4 3
3 1 1 3
3 4 4 3
9 9
9 9
9 9
11 11
11 11
11 11
11 11
11 11
12 11
12 12
11 11
11 11
11 11
11 11
10 10
10 10
10 9
8 8
7 7
5 6
3 3

Lamp

												1	1				1	1												
											1	20	20	1		1	20	20	1											
										1	21	2	1	20		20	1	2	21	1										
										21	10	13	16	1	1	1	16	13	10	21										
0	2	4	6	8	10	14	16	19	21	5	2	2	3	23	47	23	3	2	2	5	21	19	16	13	10	8	6	3	2	0

		11
	1	1
	3	3
		15
		15
		15
		17
		17
		18
		19
		19
		21
		21
		23
		23
		25
		26
		27
		29
		29
		25
		19
		11
		1
		1
		3
1	1	1
		7
		3
		5
		7
		7
		9
		9
		9
		11
		11
		11
		11
		11
		9
		9
		7
		5
		5
		3
		5
		9
		9
		3

Envelope

Columns:

1. 32
2. 36
3. 37
4. 7 30
5. 3 2 7
6. 4 3 3 3
7. 4 3 3 4
8. 4 3 3 4
9. 4 3 3 4
10. 4 3 3 4
11. 4 3 3 4
12. 4 3 3 4
13. 4 3 3 4
14. 4 4 3 4
15. 4 3 3 4
16. 4 3 3 4
17. 4 3 3 4
18. 4 3 3 4
19. 4 5 4
20. 4 3 4
21. 4 3 4
22. 4 3 4
23. 4 3 4
24. 4 3 4
25. 4 2 4
26. 4 2 4
27. 4 2 4
28. 4 3 4
29. 4 3 4
30. 4 3 4
31. 4 3 4
32. 4 3 4
33. 4 5 4
34. 4 3 3 4
35. 4 3 3 4
36. 4 3 3 4
37. 4 3 3 4
38. 4 3 4 4
39. 4 3 3 4
40. 4 3 3 4
41. 4 3 3 4
42. 4 3 3 4
43. 4 4 3 4
44. 4 4 3 4
45. 4 3 3 3
46. 4 3 7
47. 7 7
48. 37
49. 36
50. 34

Rows:

1. 44
2. 48
3. 49
4. 4 45
5. 4 4
6. 6 5
7. 7 7
8. 3 3 4 3
9. 4 3 4 3
10. 4 3 4 3
11. 4 3 4 3
12. 4 3 3 3
13. 4 4 3 3
14. 4 4 3 3
15. 4 4 3 3
16. 4 4 3 3
17. 4 3 3 3
18. 4 3 3 3
19. 4 3 3 3
20. 4 3 3 3
21. 4 7 6 3
22. 4 4 4 4 3 3
23. 4 4 9 3 3
24. 4 3 5 4 3
25. 4 3 4 3
26. 4 3 4 3
27. 4 3 4 3
28. 4 3 3 3
29. 4 4 3 3
30. 4 4 3 3
31. 4 4 3 3
32. 7 7
33. 6 6
34. 5 5
35. 5 38 5
36. 49
37. 48
38. 46

Dog

Col	Clue
1	0
2	6
3	7
4	7
5	5
6	5
7	4
8	4
9	4
10	4
11	4
12	5
13	6
14	6
15	7 6
16	15
17	17
18	18
19	19
20	21
21	22
22	23
23	24
24	25
25	25
26	26
27	26
28	27
29	27
30	33
31	36
32	38
33	35 4
34	34 3
35	34 3
36	35 3
37	39 3
38	39 2
39	40
40	43
41	45
42	1 10 9 6
43	10 4
44	8 3
45	7 2
46	6 1
47	5
48	4
49	2
50	0

Row clues (top to bottom):

Row	Clue
1	1
2	2
3	4 3
4	7
5	7
6	10
7	10
8	12
9	14
10	17
11	18
12	19
13	18
14	17
15	16
16	12
17	12
18	12
19	13
20	13
21	15
22	17
23	19
24	20
25	21
26	23
27	24
28	24
29	24
30	25
31	25
32	26
33	26
34	27
35	27
36	27
37	20 5
38	20 5
39	20 5
40	2 19 4
41	3 18 4
42	3 21 4
43	5 21 4
44	32 4
45	36 5
46	15 19 5
47	12 18 6
48	0

Building

Column	Clues
1	19
2	19
3	19
4	19
5	7 2
6	7 2
7	7 2
8	19
9	19
10	7 2
11	7 2
12	7 2
13	19
14	22
15	3 22
16	3 10 2
17	20 3 2
18	22 3 2
19	9 5 15
20	11 5 15
21	11 5 3 2
22	24 3 2
23	29 3 2
24	17 4 15
25	20 3 15
26	17 4 15
27	29 3 2
28	24 3 2
29	12 5 3 2
30	11 5 15
31	11 5 15
32	23 3 2
33	21 3 2
34	21 2
35	3 22
36	22
37	19
38	7 2
39	7 2
40	7 2
41	19
42	19
43	7 2
44	7 2
45	7 2
46	19
47	19
48	19
49	19

Row	Clues
1	1
2	1
3	1
4	5
5	5
6	5
7	5
8	5
9	8
10	12
11	12
12	14
13	15
14	16
15	17
16	17
17	17
18	21
19	21
20	21
21	2 2 2 3
22	2 2 2 3
23	2 2 2 3
24	2 2 2 3
25	2 2 2 3
26	2 2 2 3
27	2 2 2 3
28	2 3 3 3
29	23
30	23
31	23
32	23 23
33	21 21
34	18 18
35	16 16
36	49
37	49
38	49
39	4 2 3 2 3 2 3 2 4
40	4 2 3 2 3 2 3 2 4
41	49
42	49
43	4 2 3 2 3 2 3 2 4
44	4 2 3 2 3 2 3 2 4
45	4 2 3 2 3 2 3 2 4
46	4 2 3 2 3 2 3 2 4
47	4 2 3 2 3 2 3 2 4
48	4 2 3 2 3 2 3 2 4
49	4 2 3 2 3 2 3 2 4
50	4 2 3 2 3 2 3 2 4

Santa

Column	Clues
1	5
2	12
3	16
4	7 10 4
5	19 4
6	15 3
7	3 7 6
8	3 10 7
9	5 3 4 1 5
10	6 3 2 4
11	7 3 1 2 3
12	9 3 3 2 3
13	9 3 3 2 3
14	10 3 2 2 3
15	11 5 2 2 4
16	12 3 2 2 3 4
17	12 3 4 4 2 3
18	12 3 1 3 3 3
19	13 3 2 2 3
20	13 3 2 2 3
21	13 3 1 3 2 3
22	13 3 3 4 2 3
23	13 3 3 3 2 5
24	13 3 2 2 2 3
25	12 5 2 3
26	12 3 2 2 3
27	12 3 4 2 3
28	11 3 1 2 3
29	11 3 2 3
30	10 3 5 1 5
31	10 10 7
32	20 5
33	22 3
34	25 4
35	34
36	14 16
37	10 3 8
38	4 4
39	8
40	6
41	4

Row clues (top to bottom)

Row	Clues
1	6
2	12
3	15
4	18
5	21
6	22
7	24
8	26
9	28
10	28
11	32
12	34
13	34
14	3 6
15	3 6
16	3 6
17	3 6
18	34
19	34
20	35
21	4 1 1 10
22	4 5 5 6 4
23	5 3 2 3 2 5 3
24	5 3 2 3 2 6 3
25	3 2 1 1 1 1 2 4 4
26	3 2 2 8
27	3 3 3 7
28	3 9 9 5
29	4 8 7 3
30	3 2 3 3
31	3 6 3
32	3 3 3
33	2 3
34	3 3
35	3 2 2 3
36	3 4 4 3
37	3 7 3
38	4 3 3
39	4 4
40	7 6
41	7 6
42	4 4
43	3 3
44	3 3
45	4 1 1 3
46	9 9
47	9 9
48	19
49	8
50	4

Umbrella

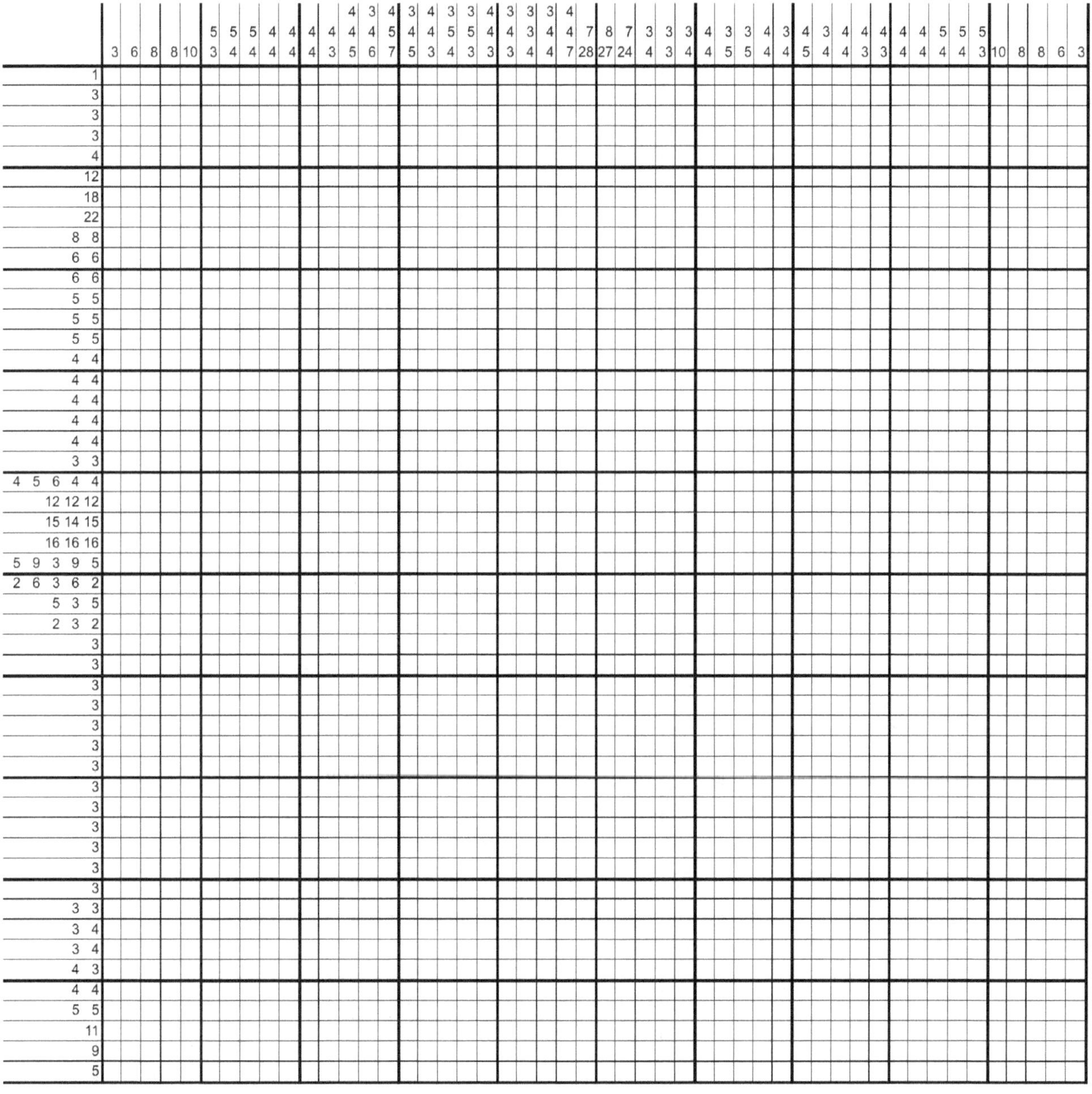

3
6
8
8
10
5 3
5 4
5 4
4 4
4 4
4 4
4 3
4 4 5
3 4 6
4 5 7
3 4 5
4 4 3
3 5 4
3 5 3
4 4 3
3 4 3
3 3 4
3 4 4
4 4 7
7 28
8 27
7 24
3 4
3 3
3 4
4 4
3 5
3 5
4 4
3 4
4 5
3 4
4 4
4 3
4 3
4 4
4 4
5 4
5 4
5 3
10
8
8
6
3
1
3
3
3
4
12
18
22
8 8
6 6
6 6
5 5
5 5
5 5
4 4
4 4
4 4
4 4
4 4
3 3
4 5 6 4 4
12 12 12
15 14 15
16 16 16
5 9 3 9 5
2 6 3 6 2
5 3 5
2 3 2
3
3
3
3
3
3
3
3
3
3
3
3
3
3 3
3 4
3 4
4 3
4 4
5 5
11
9
5

Plug

				1				1													1				1				
12	15	16	18	19	35	35	36	22	22	22	23	35	35	35	35	35	35	23	22	22	22	36	35	35	19	18	16	15	12

3	3
3	3
5	5
3	3
3	3
3	3
3	3
3	3
3	3
3	3
3	3
3	3
3	3
3	3
3	3
	30
	30
	30
	30
	30
	30
	30
	30
	30
	30
	30
	30
	28
	28
	28
	26
	24
	24
	22
	20
	16
	14
	8
	6
	6
	6
	6
	6
	6
	6
	6
	6
	6
	6
	6

Scorpion

Column	Clues
1	3
2	6 3 2
3	9 3 2 2 1
4	8 1 1 2 1
5	9 1 1 2 1
6	10 1 1 2 1
7	6 2 1 1 2 1
8	3 3 1 1 2 1
9	2 1 1 2 1
10	2 1 1 2 1 5
11	2 1 1 2 1 7
12	2 1 1 5 1 2
13	2 1 8 2
14	14 2
15	24 1
16	23 1
17	24 1
18	25 1
19	28 2
20	14 3 2
21	2 1 8 3 2
22	2 1 1 5 3 2
23	2 1 1 2 1 6
24	2 1 1 2 1 2
25	2 1 1 2 1
26	3 2 1 1 2 1
27	7 3 1 1 2 1
28	11 1 1 2 1
29	10 1 1 2 1
30	9 1 1 2 1
31	10 2 2 2 1
32	7 3 2
33	3

Row	Clues
1	1 1 1 1
2	1 1 1 1
3	2 2 2 2
4	2 2 2 2
5	3 3 3 3
6	6 6
7	4 6
8	4 4
9	4 4
10	4 4
11	4 4
12	4 4
13	4 1 1 4
14	3 1 1 4
15	2 5 3
16	20
17	1 20
18	1 7 1
19	29
20	7
21	1 7 1
22	29
23	9
24	1 9 1
25	31
26	31
27	11
28	1 11 1
29	31
30	5
31	5
32	5
33	5
34	5
35	5
36	5
37	4
38	3
39	3
40	3
41	2 3
42	2 3
43	2 2
44	2 2
45	2 2
46	5 5
47	13
48	0

Letter

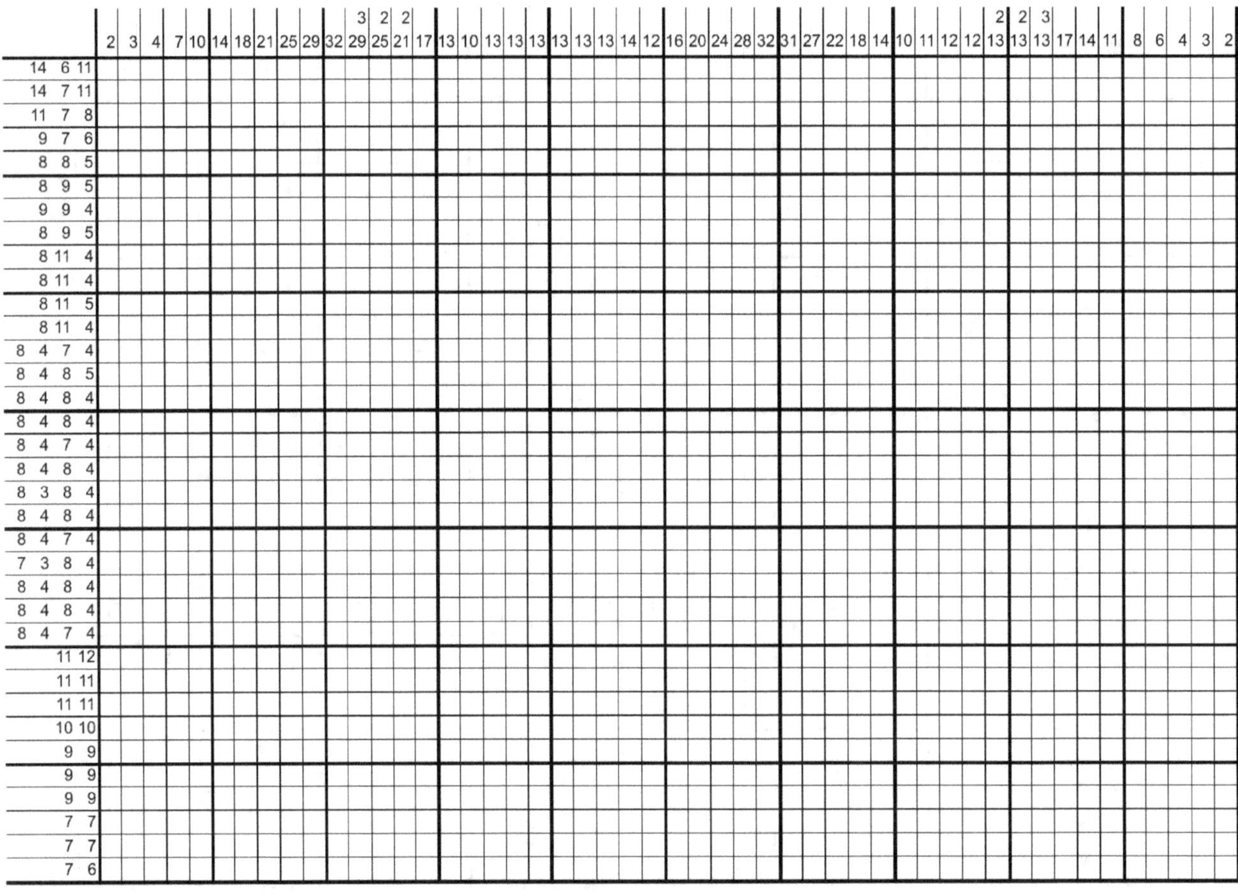

2
3
4
7
10
14
18
21
25
29
32
3 29
2 25
2 21
17
13
10
13
13
13
13
13
13
14
12
16
20
24
28
32
31
27
22
18
14
10
11
12
12
2 13
2 13
3 13
17
14
11
8
6
4
3
2
14 6 11
14 7 11
11 7 8
9 7 6
8 8 5
8 9 5
9 9 4
8 9 5
8 11 4
8 11 4
8 11 5
8 11 4
8 4 7 4
8 4 8 5
8 4 8 4
8 4 8 4
8 4 7 4
8 4 8 4
8 3 8 4
8 4 8 4
8 4 7 4
7 3 8 4
8 4 8 4
8 4 8 4
8 4 7 4
11 12
11 11
11 11
10 10
9 9
9 9
9 9
7 7
7 7
7 6

Octopus

Column	Clues
1	4
2	7
3	9
4	9 5
5	9 9
6	5 11
7	5 13
8	5 14
9	4 5 5
10	5 5 2
11	4 4
12	5 5
13	4 5
14	5 5 3
15	5 5 5
16	5 4 5
17	5 4 6
18	4 5 5
19	3 10 6
20	21 6
21	22 8
22	8 30
23	8 28
24	7 5 21
25	8 5 17
26	10 5 11 3
27	17 12 3
28	17 14 5
29	12 4 16 6
30	11 30
31	10 30
32	10 13 11
33	11 4 6 8
34	15 5
35	12 5
36	10 4
37	4 5
38	5
39	6
40	6
41	6
42	6
43	6
44	5
45	4
46	4
47	5
48	6
49	5
50	3

Row	Clues
1	5
2	10
3	12
4	13
5	15
6	16
7	17
8	17
9	4 13
10	3 12
11	2 1 11
12	6 3 5
13	10 1 4
14	13 3
15	13 3
16	4 4 11
17	8 4 9
18	11 6 5 5
19	32 7
20	32 9
21	5 23 10
22	5 21 5 4
23	5 4 14 5 2
24	4 16 6
25	2 24 6
26	34
27	14 19
28	13 18
29	11 10 5
30	6 4 5
31	5 4 5
32	5 4 5
33	5 4 5
34	5 4 5
35	6 5 4
36	5 4 4
37	6 5 4
38	5 6 5
39	3 7 5
40	8 6
41	9 7
42	8 6
43	6 5
44	3 1

Heart

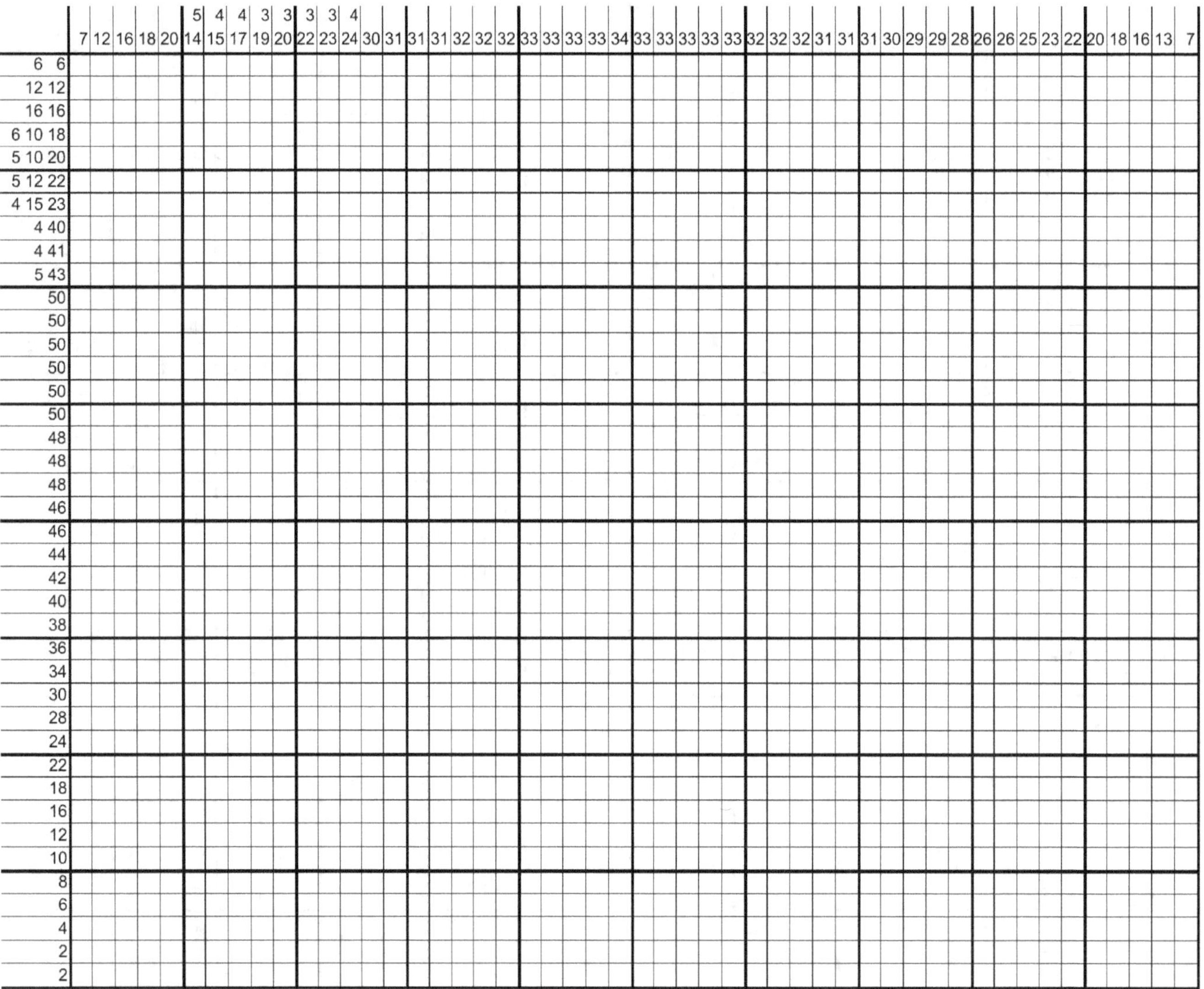

7
12
16
18
20
5 14
4 15
4 17
3 19
3 20
3 22
3 23
4 24
30
31
31
31
32
32
32
33
33
33
33
34
33
33
33
33
33
32
32
32
31
31
31
30
29
29
28
26
26
25
23
22
20
18
16
13
7
6 6
12 12
16 16
6 10 18
5 10 20
5 12 22
4 15 23
4 40
4 41
5 43
50
50
50
50
50
50
48
48
48
46
46
44
42
40
38
36
34
30
28
24
22
18
16
12
10
8
6
4
2
2

flamingo

Col	1	2	3	4	5	6	7	8	9	10	11	12	13	14	15	16	17	18	19	20	21	22	23	24
Clue	3	3	3	4	4	4	5	6	6 6	6 10	4 12	3 9 4	11 4	8 4	2 4	5	11	12	13	13 1	13 2	14 2	14 2	18 1

Col	25	26	27	28	29	30	31	32	33	34	35	36	37	38	39	40	41	42	43	44	45	46	47
Clue	36 1	16 6 12	17 2 1	17 5 1	17 4	17 7	16 2	16 3	15 2	13 1	12 1	12 2	11 2	8 2 2	7 1 1	7 5	6 3	6	6	6	5	2 2	1

Row clues (top to bottom):

Row	Clue
1	3
2	6
3	10
4	12
5	13
6	5 4 3 4
7	2 3 10
8	1 3 12
9	3 14
10	3 16
11	3 18
12	3 20
13	3 21
14	3 24
15	3 26
16	4 28
17	3 29
18	3 30
19	3 30
20	3 30 1
21	29 4
22	11 9 3 1
23	10 2 3
24	6 2 2
25	1 2
26	1 2
27	1 3
28	1 2
29	1 2
30	2 2
31	2 2
32	2 2
33	2 2
34	2 3
35	2 3
36	1 3
37	1 4
38	6
39	2 1 1
40	2 1
41	2
42	2
43	1
44	1
45	1
46	1
47	1
48	1
49	8
50	4

Dollar

Column clues (left to right):

1	2	3	4	5	6	7	8	9	10	11	12	13	14	15	16	17	18	19	20	21	22	23	24	25	26
5 5	10 6	13 5	15 5	16 4	6 8 4	6 6 5	5 5 5	4 6 4	4 5 4	4 5 4	50	50	50	5 5 4	5 5 4	5 5 5	4 6 5	4 5 5	5 6 6	5 16	5 16	5 14	5 12	10	6

Row clues (top to bottom):

Row	Clue
1	3
2	3
3	3
4	3
5	3
6	3
7	6
8	16
9	20
10	21
11	22
12	7 3 5
13	6 3 2
14	5 3
15	5 3
16	5 3
17	5 3
18	6 3
19	6 3
20	6 3
21	8 3
22	12
23	16
24	17
25	17
26	15
27	13
28	3 8
29	3 6
30	3 6
31	3 6
32	3 6
33	3 6
34	3 6
35	2 3 6
36	2 3 6
37	4 3 7
38	8 3 8
39	23
40	21
41	18
42	12
43	3
44	3
45	3
46	3
47	3
48	3
49	3
50	3

Cat-Silouhette

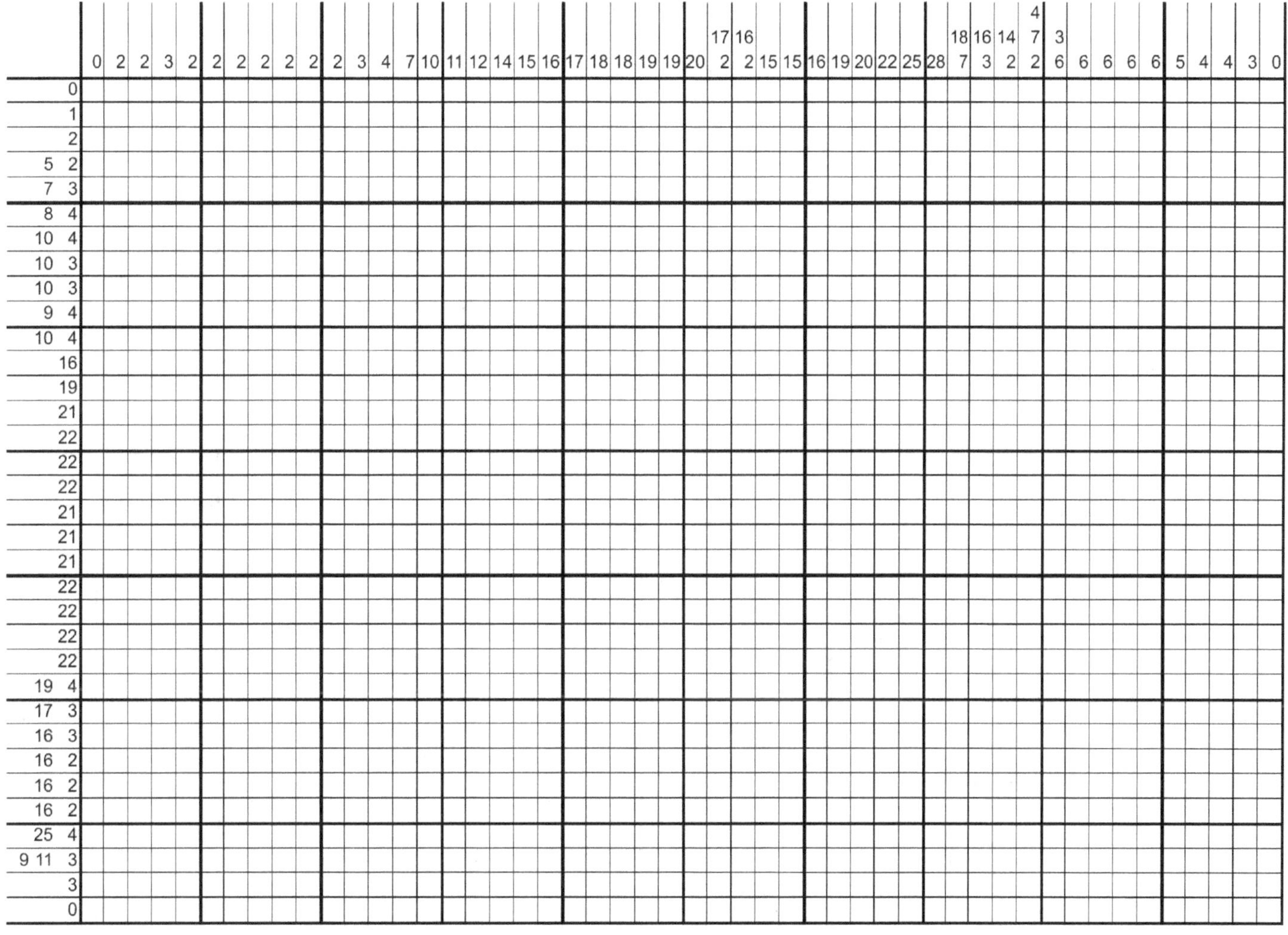

Watch

Column	Clue
1	8
2	16
3	7 7
4	4 4
5	4 4
6	4 12 4
7	3 16 3
8	3 18 3
9	7 22 7
10	10 24 10
11	10 26 10
12	9 26 9
13	9 28 8
14	8 29 8
15	8 30 8
16	7 30 7
17	7 32 7
18	7 32 7
19	7 32 7
20	7 14 14 7
21	7 13 13 7
22	7 13 13 7
23	7 13 13 7
24	7 12 2 12 7
25	7 11 4 11 7
26	7 10 6 11 7
27	7 8 19 7
28	8 7 20 8
29	8 6 20 8
30	9 28 9
31	9 26 9
32	10 24 10
33	11 24 10
34	7 20 7
35	3 18 3
36	3 15 3
37	4 4 4 4
38	4 4
39	5 5
40	6 6
41	14
42	8
43	6
44	6

Row clues (top to bottom):

Row	Clue
1	24
2	24
3	24
4	24
5	26
6	26
7	26
8	7 7
9	5 5
10	4 4 4 4
11	3 14 4
12	3 18 3
13	3 21 2
14	2 24 2
15	3 25 3
16	3 26 2
17	2 28 3
18	3 21 6 2
19	2 20 7 3
20	2 20 8 2
21	2 19 10 2
22	3 18 11 3
23	2 17 12 4
24	2 14 13 4
25	2 14 13 4
26	2 14 13 4
27	2 14 13 4
28	2 17 12 4
29	3 18 11 3
30	2 19 11 2
31	2 31 2
32	2 30 3
33	3 30 2
34	2 28 2
35	3 26 2
36	3 25 3
37	2 24 2
38	3 21 3
39	3 18 3
40	3 15 3
41	4 4 4 4
42	4 5
43	7 7
44	26
45	26
46	26
47	24
48	24
49	24
50	24

Bear

Column	Clue
1	4
2	7 4
3	8 9
4	4 8 11
5	7 8 13
6	9 9 14
7	10 10 15
8	5 9 10 16
9	4 12 9 16
10	4 15 9 15
11	4 15 10 15
12	21 9 13
13	15 3 10 12
14	12 1 8 10
15	12 7 6
16	11 6 1
17	11 5 4
18	11 4 4
19	10 2 4 3
20	10 3 4 3
21	10 2 4 3
22	11 4 4
23	11 5 4
24	11 6 1
25	12 6
26	12 1 7 9
27	15 3 10 11
28	21 10 14
29	3 16 10 15
30	4 15 9 15
31	4 12 9 15
32	5 9 10 16
33	11 10 16
34	9 9 16
35	7 8 14
36	5 8 13
37	8 10
38	7 7
39	4

Row clues (top to bottom):

Row	Clue
1	5 4
2	7 7
3	9 11 9
4	33
5	5 17 5
6	4 17 4
7	4 21 4
8	3 23 4
9	31
10	29
11	26
12	25
13	11 11
14	8 8
15	7 1 7
16	6 3 6
17	6 3 6
18	4 4
19	4 4
20	3 3
21	4 4
22	2 3
23	2 2
24	7 7
25	10 10
26	13 13
27	17 17
28	39
29	39
30	37
31	35
32	11 11
33	9 8
34	4 3
35	3 1 2 3
36	7 8
37	9 9
38	11 10
39	12 12
40	13 13
41	14 13
42	14 13
43	14 13
44	13 13
45	13 2 2 13
46	13 7 12
47	11 9 12
48	10 7 11
49	8 9
50	4 7

Bell

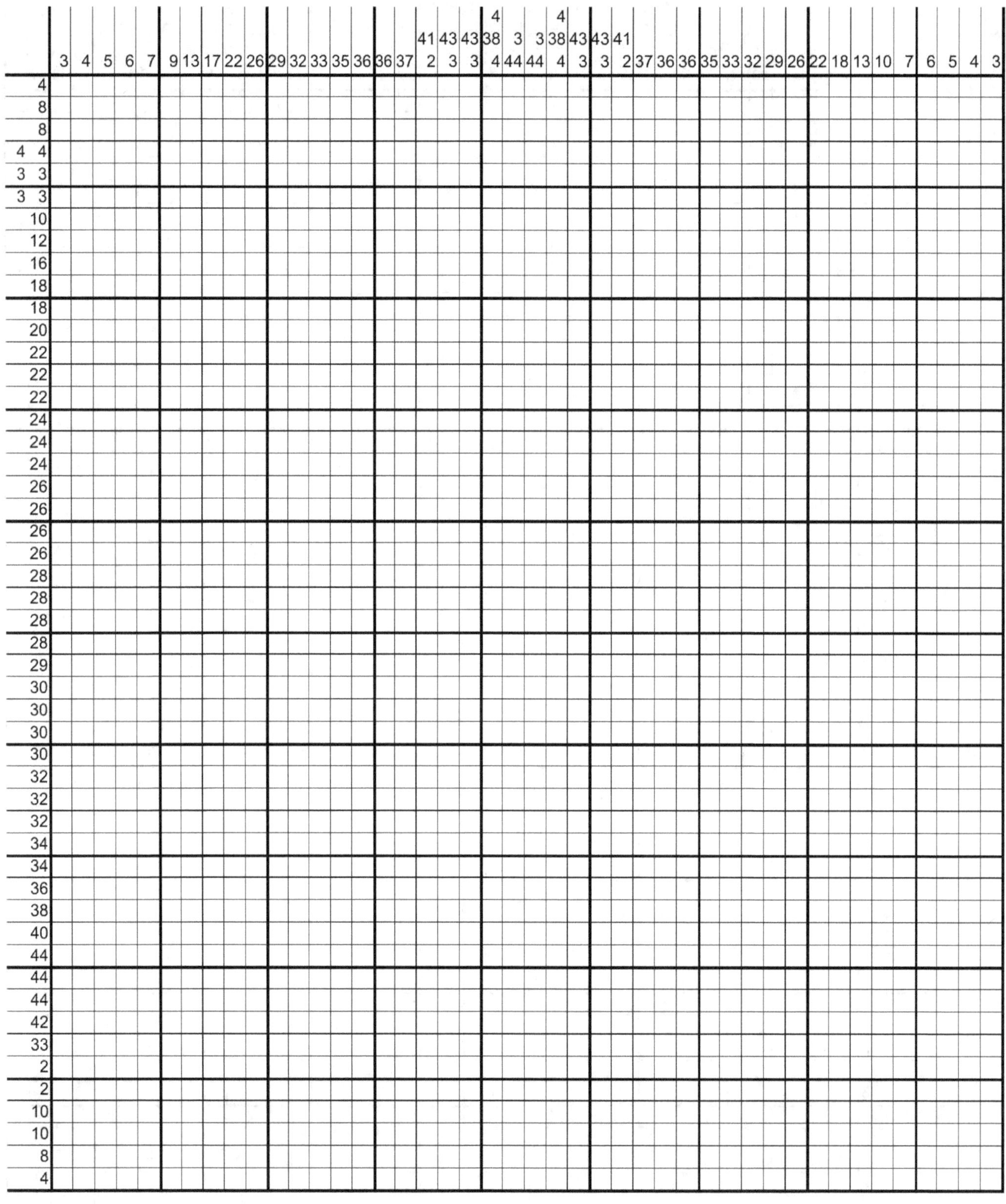
3
4
5
6
7
9
13
17
22
26
29
32
33
35
36
36
37
41 2
43 3
43 3
4 38 4
3 44
3 44
4 38 4
43 3
43 3
41 2
37
36
36
35
33
32
29
26
22
18
13
10
7
6
5
4
3
4
8
8
4 4
3 3
3 3
10
12
16
18
18
20
22
22
22
24
24
24
26
26
26
26
28
28
28
28
29
30
30
30
30
32
32
32
34
34
36
38
40
44
44
44
42
33
2
2
10
10
8
4

Chair

Col	1	2	3	4	5	6	7	8	9	10	11	12	13	14	15	16	17	18	19	20	21	22	23	24	25	26	27	28	29
Clue	0	22	22	15	2 2 2	2 2 2	2 2 2	2 2 2	2 2 2	2 2 2	2 2 2	2 2 2	2 2 2	2 2 2	2 2 2	2 2 2	2 2 2	2 2 2	2 2 2	2 2 2	2 2 2	2 2 2	2 2 2	36 2	43	47	13	7	0

Row clues (top to bottom):

Row	Clue
1	0
2	2
3	3
4	3
5	3
6	3
7	3
8	3
9	3
10	3
11	3
12	3
13	3
14	3
15	3
16	3
17	3
18	3
19	3
20	3
21	3
22	3
23	3
24	3
25	3
26	3
27	3
28	3
29	25
30	25
31	3 3
32	3 3
33	3 3
34	3 3
35	3 3
36	3 3
37	25
38	26
39	3 3
40	3 3
41	3 3
42	26
43	26
44	2 4
45	2 3
46	2 3
47	2 3
48	2 3
49	2 2
50	2 2

Drone

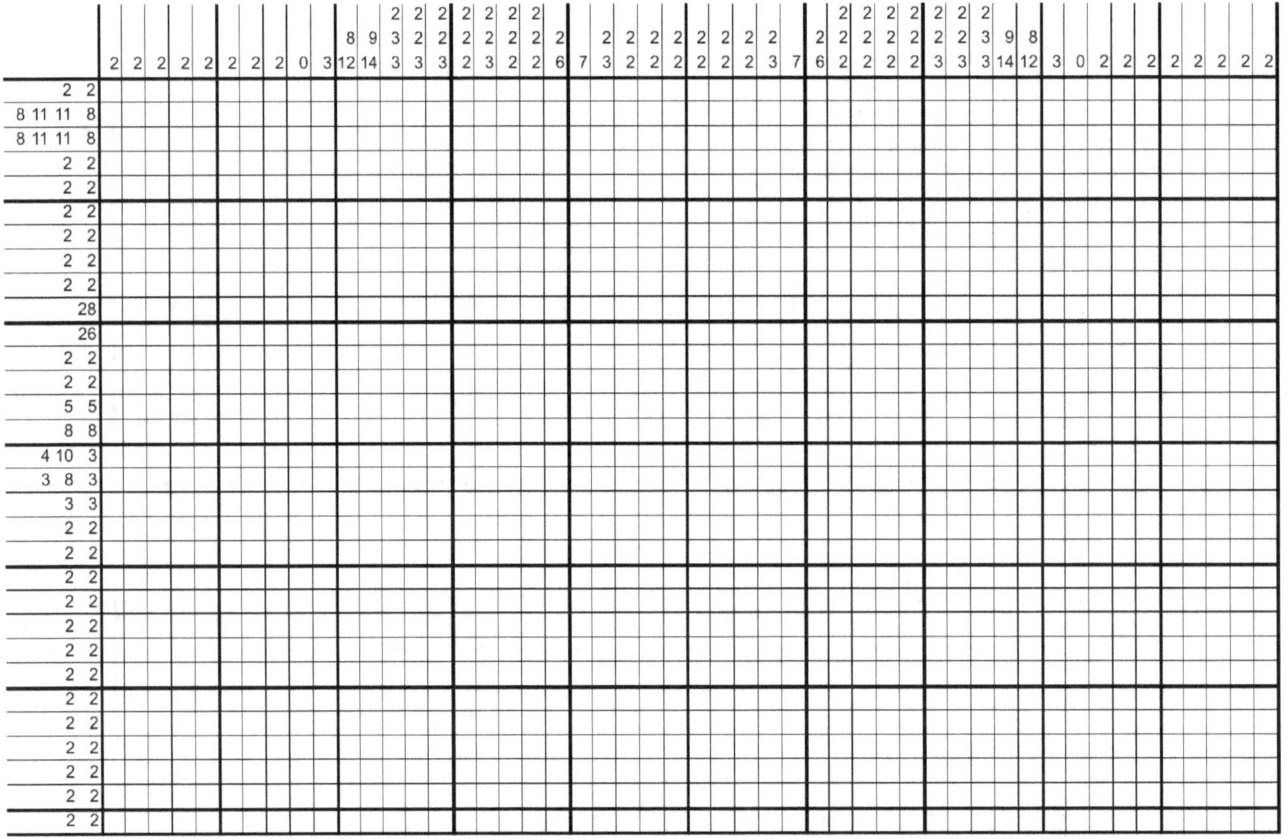
2
2
2
2
2
2
2
2
0
3
8 12
9 14
2 3 3
2 2 3
2 2 3
2 2 2
2 2 3
2 2 2
2 2 2
2 6
7
2 3
2 2
2 2
2 2
2 2
2 2
2 2
2 3
7
2 6
2 2 2
2 2 2
2 2 2
2 2 2
2 2 3
2 2 3
2 3 3
9 14
8 12
3
0
2
2
2
2
2
2
2
2
2 2
8 11 11 8
8 11 11 8
2 2
2 2
2 2
2 2
2 2
2 2
28
26
2 2
2 2
5 5
8 8
4 10 3
3 8 3
3 3
2 2
2 2
2 2
2 2
2 2
2 2
2 2
2 2
2 2
2 2
2 2
2 2
2 2

Flower

Column	Clues
1	2 3
2	4 4
3	5 5
4	2 3 7
5	2 2 23
6	2 3 23
7	2 2 23
8	3 2 3 8
9	2 2 3 2
10	5 3 2
11	4 3 2
12	3 3 2
13	2 3 2
14	2 3 3 2
15	4 3 3 2
16	5 4 3 2
17	2 2 9 2
18	2 2 12 2
19	2 2 6 3 2
20	2 7 3 2
21	2 5 3 2
22	7 7 3 2
23	19 3 2
24	3 4 3 3 2
25	3 4 3 3 2
26	19 3 2
27	7 6 3 8
28	2 2 23
29	2 2 23
30	2 2 23
31	2 2 6
32	2 1 4
33	4 3
34	2 3
35	0

Row clues (top to bottom):

Row	Clues
1	2
2	4
3	4
4	2 2
5	2 2
6	2 2
7	2 2
8	2 2
9	8 7
10	19
11	3 4 2
12	3 4 2
13	19
14	7 6
15	7 4 2
16	10 4 2
17	3 4 5 2
18	3 2 2 2 2
19	4 3 3 2 1
20	11 2 4
21	4 4 2 2
22	6 2
23	4
24	3
25	3
26	2
27	2
28	34
29	34
30	34
31	6 5
32	5 4
33	4 4
34	4 3
35	3 3
36	3 3
37	3 3
38	3 3
39	3 3
40	3 3
41	3 3
42	3 3
43	4 4
44	4 4
45	4 4
46	4 4
47	4 4
48	4 4
49	26
50	26

Lollipop

Column clues (left to right):

Column	Clue
1	11
2	16
3	19
4	22
5	8 11
6	6 9
7	4 8
8	4 5 7
9	4 9 7
10	4 11 6
11	3 3 3 6
12	4 3 2 6
13	3 2 3 3 6
14	3 3 5 2 6
15	3 2 3 1 2 6
16	3 2 2 2 8
17	3 2 2 2 15
18	4 2 2 2 21
19	3 2 7 27
20	4 2 5 6 16
21	8 7 11
22	8 8 6
23	9 9
24	11 11
25	24
26	22
27	19
28	16
29	12
30	5

Row clues (top to bottom):

Row	Clue
1	7
2	13
3	16
4	7 7
5	7 7
6	6 4 6
7	5 16
8	5 4 11
9	5 3 8
10	5 3 8
11	5 2 3 7
12	5 3 5 6
13	4 3 3 2 7
14	4 3 2 2 7
15	4 3 2 2 6
16	5 3 2 2 6
17	5 2 2 6
18	5 3 2 6
19	6 4 3 6
20	6 8 7
21	6 4 7
22	7 7
23	8 8
24	9 9
25	24
26	23
27	20
28	19
29	14
30	8
31	4
32	4
33	3
34	3
35	4
36	4
37	4
38	4
39	4
40	4
41	4
42	4
43	4
44	4
45	5
46	4
47	4
48	4
49	4
50	4

House

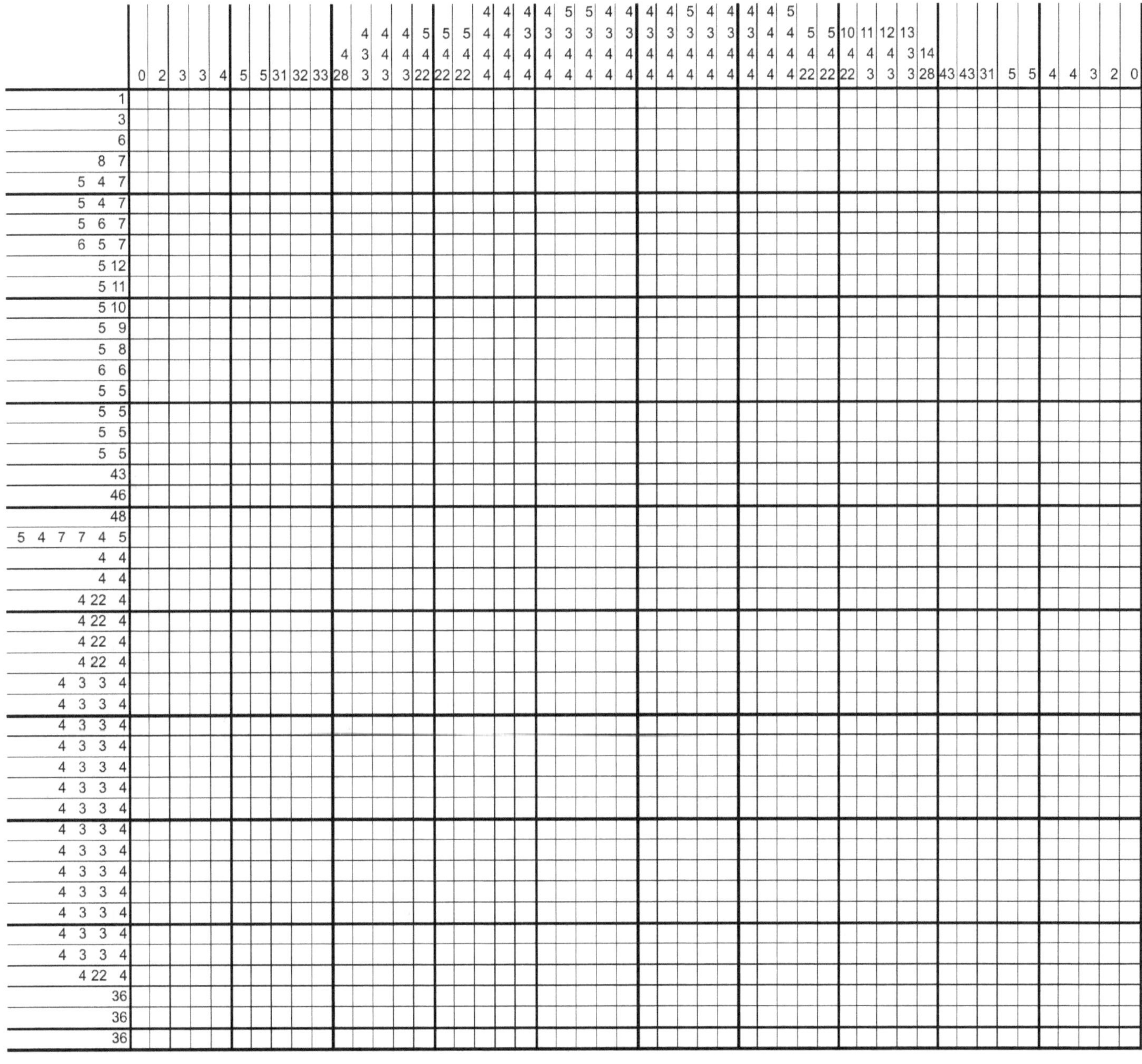

0
2
3
3
4
5
5
31
32
33
4 28
4 3 3
4 4 3
4 4 3
5 4 22
5 4 22
5 4 22
4 4 4 4
4 4 4 4
4 3 4 4
4 3 4 4
5 3 4 4
5 3 4 4
4 3 4 4
4 3 4 4
4 3 4 4
4 3 4 4
5 3 4 4
4 3 4 4
4 3 4 4
4 3 4 4
4 4 4 4
5 4 4 4
5 4 22
5 4 22
10 4 22
11 4 3
12 4 3
13 3 3
14 28
43
43
31
5
5
4
4
3
2
0
1
3
6
8 7
5 4 7
5 4 7
5 6 7
6 5 7
5 12
5 11
5 10
5 9
5 8
6 6
5 5
5 5
5 5
5 5
43
46
48
5 4 7 7 4 5
4 4
4 4
4 22 4
4 22 4
4 22 4
4 22 4
4 3 3 4
4 3 3 4
4 3 3 4
4 3 3 4
4 3 3 4
4 3 3 4
4 3 3 4
4 3 3 4
4 3 3 4
4 3 3 4
4 3 3 4
4 3 3 4
4 3 3 4
4 3 3 4
4 22 4
36
36
36

Owl

Column	Clues
1	2 4
2	4 4
3	3 4
4	4 4
5	4 5 4
6	4 4 11 4
7	3 7 16 4
8	13 24
9	6 3 24
10	5 3 25
11	3 4 29
12	3 2 3 30
13	3 2 2 32
14	3 6 23 8
15	2 6 24 9
16	2 4 23 9
17	3 25 10
18	3 2 22 10
19	8 34
20	5 33
21	5 33
22	8 21 11
23	3 2 23 11
24	3 24 10
25	3 3 24 10
26	2 5 23 9
27	3 2 3 33
28	3 2 2 32
29	3 6 31
30	3 4 29
31	5 2 3 25
32	6 3 25
33	8 4 24
34	3 8 17 4
35	4 4 13 4
36	4 6 4
37	4 4
38	3 4
39	4 4
40	3 4

Row	Clues
1	2 2
2	6 6
3	9 10
4	13 13
5	14 14
6	11 11
7	3 3 4 4
8	3 4 6 3 3
9	3 6 4 5 3
10	3 1 3 4 2 3 3
11	3 2 3 4 3 3 2
12	3 6 4 6 3
13	3 4 2 2 4 2
14	4 3 3 4
15	10 10
16	9 10
17	9 9
18	23
19	26
20	28
21	29
22	30
23	31
24	32
25	32
26	32
27	32
28	32
29	30
30	30
31	30
32	30
33	29
34	28
35	28
36	27
37	26
38	6 1 1 3 1 1 7
39	13 3 14
40	40
41	40
42	40
43	20
44	18
45	17
46	16
47	14
48	12
49	9
50	5

??

Column clues (left to right):

1	2	3	4	5	6	7	8	9	10	11	12	13	14	15	16	17	18	19	20	21	22	23	24	25	26	27	28	29	30	31	32	33	34	35	36	37	38	39
5	9	11	12	13	14	15	16	17	17	17	16	13	12	11 2	11 7 6	11 9 6	10 10 8	10 11 8	10 12 8	10 12 8	10 13 8	11 14 6	11 15 6	11 14 3	12 12	14 13	30	28	28	27	25	23	23	21	19	15	13	7

Row clues (top to bottom):

9
17
23
25
28
30
32
33
35
36
16 16
14 14
13 14
12 13
12 13
12 12
12 12
11 12
11 12
12
12
13
13
13
14
14
15
14
14
14
12
12
11
10
10
10
9
9
0
0
0
0
5
9
10
11
11
9
9
5

Skull

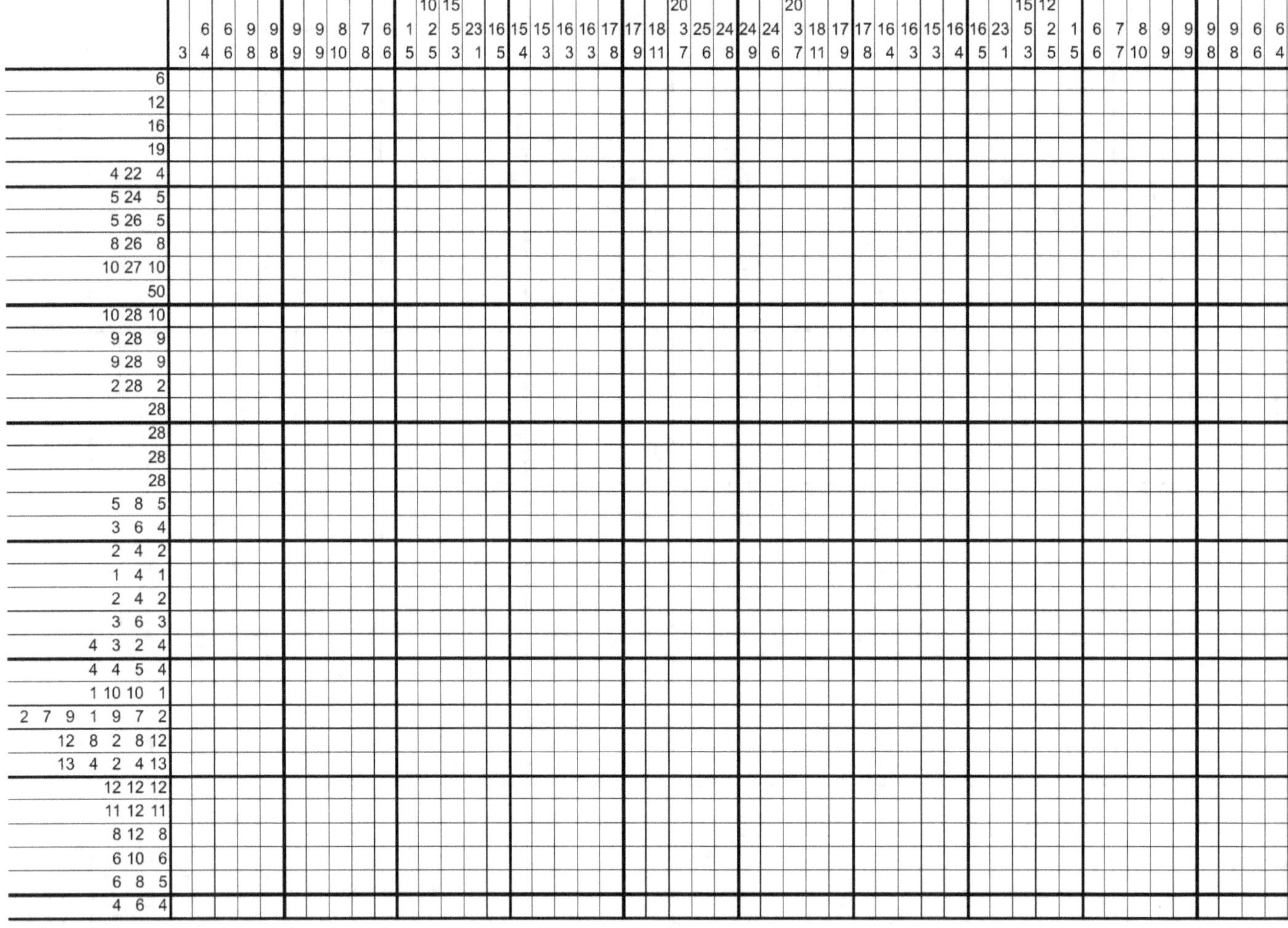

3
6 4
6 6
9 8
9 8
9 9
9 9
8 10
7 8
6 6
1 5
10 2 5
15 5 3
23 1
16 5
15 4
15 3
16 3
16 3
17 8
17 9
18 11
20 3 7
25 6
24 8
24 9
24 6
20 3 7
18 11
17 9
17 8
16 4
16 3
15 3
16 4
16 5
23 1
15 5 3
12 2 5
1 5
6 6
7 7
8 10
9 9
9 9
9 8
9 8
6 6
6 4
6
12
16
19
4 22 4
5 24 5
5 26 5
8 26 8
10 27 10
50
10 28 10
9 28 9
9 28 9
2 28 2
28
28
28
28
5 8 5
3 6 4
2 4 2
1 4 1
2 4 2
3 6 3
4 3 2 4
4 4 5 4
1 10 10 1
2 7 9 1 9 7 2
12 8 2 8 12
13 4 2 4 13
12 12 12
11 12 11
8 12 8
6 10 6
6 8 5
4 6 4

Tree

1	2	3	4	5	6	7	8	9	10	11	12	13	14	15	16	17	18	19	20	21	22	23	24	25	26	27	28	29	30	31	32	33	34	35	36	37	38	39	40	41	42
															4	5									5	3	2														
						1	3	4	4				1	3	26	27	34	36					35	34	27	26	24	1				4	4	3	1						
0	2	3	4	6	7	8	9	11	12	19	21	22	23	25	2	4	6	7	48	49	49	48	7	7	5	3	1	23	22	21	19	12	11	9	8	7	6	4	3	2	0

Row	Clue
1	0
2	2
3	4
4	5
5	6
6	8
7	10
8	11
9	13
10	14
11	16
12	8
13	10
14	12
15	13
16	14
17	16
18	18
19	20
20	20
21	22
22	24
23	26
24	28
25	28
26	3 22 3
27	22
28	24
29	26
30	26
31	28
32	30
33	32
34	34
35	34
36	36
37	38
38	40
39	40
40	4
41	4
42	4
43	4
44	13
45	12
46	11
47	10
48	9
49	8
50	7

Snake

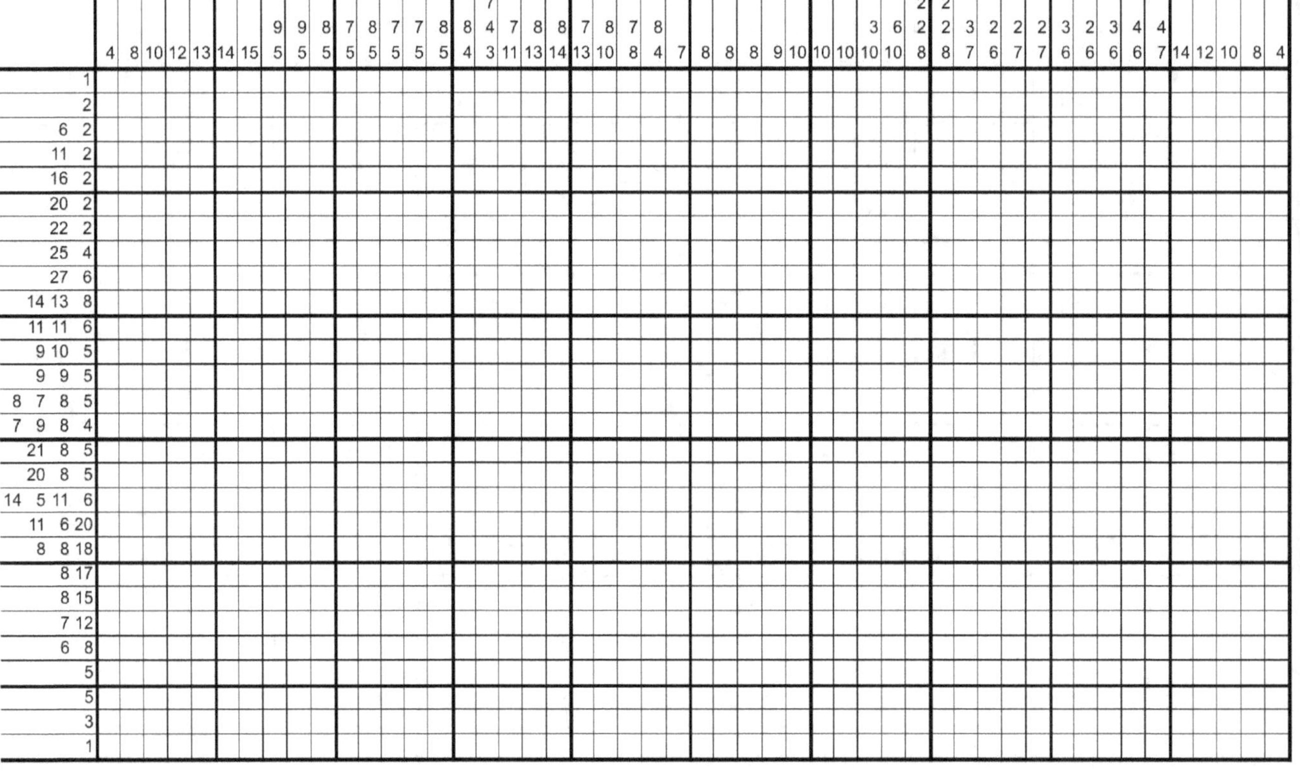
4 8 10 12 13 14 15 9 5 9 5 8 5 7 5 8 5 7 5 7 5 8 5 8 4 7 4 3 7 11 8 13 8 14 7 13 8 10 7 8 8 4 7 8 8 8 9 10 10 10 3 10 6 10 2 2 8 2 2 8 3 7 2 6 2 7 2 7 3 6 2 6 3 6 4 6 4 7 14 12 10 8 4
1
2
6 2
11 2
16 2
20 2
22 2
25 4
27 6
14 13 8
11 11 6
9 10 5
9 9 5
8 7 8 5
7 9 8 4
21 8 5
20 8 5
14 5 11 6
11 6 20
8 8 18
8 17
8 15
7 12
6 8
5
5
3
1

Rabbit

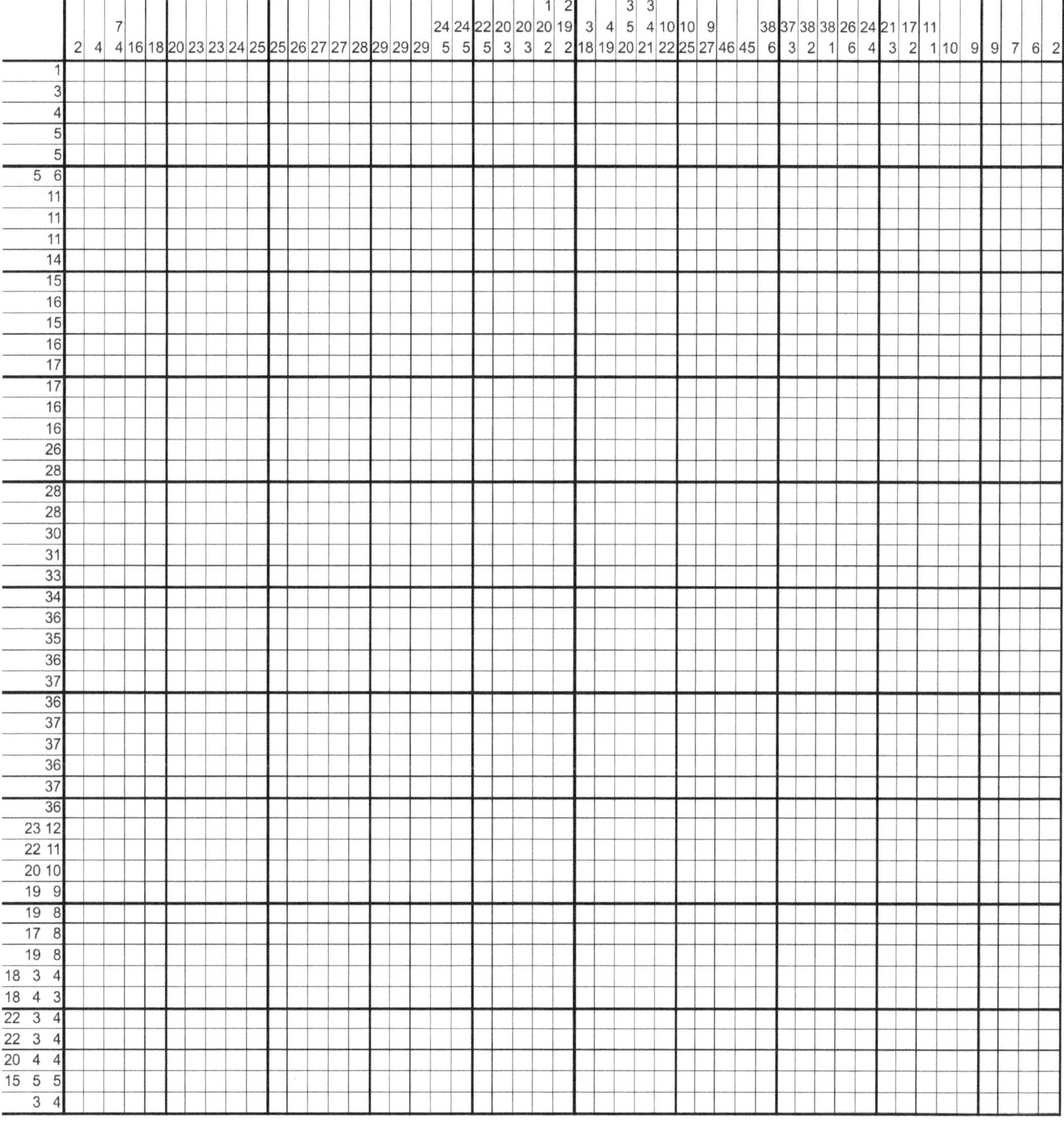
2
4
7 4
16
18
20
23
23
24
25
25
26
27
27
28
29
29
29
24 5
24 5
22 5
20 3
20 3
1 20 2
2 19 2
3 18
4 19
3 5 20
3 4 21
10 22
10 25
9 27
46
45
38 6
37 3
38 2
38 1
26 6
24 4
21 3
17 2
11 1
10
9
9
7
6
2
1
3
4
5
5
5 6
11
11
11
14
15
16
15
16
17
17
16
16
26
28
28
28
30
31
33
34
36
35
36
37
36
37
37
36
37
36
23 12
22 11
20 10
19 9
19 8
17 8
19 8
18 3 4
18 4 3
22 3 4
22 3 4
20 4 4
15 5 5
3 4

Ring

								2	1	1									1	2	2								
							1	3	3	3			2	1	1	2		1	3	3	3								
				2	4	6	5	2	2	2	7		3	3	3	3		3	2	2	2	7	5	4	2				
		8	7	6	6	5	5	4	4	4	5	15	7	4	4	8	15	6	4	4	5	5	7	7	8	9			
11	15	7	5	6	6	5	6	6	5	5	4	3	2	2	2	3	3	4	4	5	5	6	5	6	7	7	16	12	8

14
3 3 2 3
2 2 1 3
22
22
20
2 2 1 2
2 2 2 2
2 2 2 2
2 2 2 2
10
8
11
15
7 8
6 7
5 6
5 6
5 5
5 5
5 5
5 5
4 4
4 5
3 4
3 4
2 3
2 3
2 3
3 4
3 5
3 4
4 5
5 4
6 6
7 6
8 6
8 7
8 8
16
13

Paw

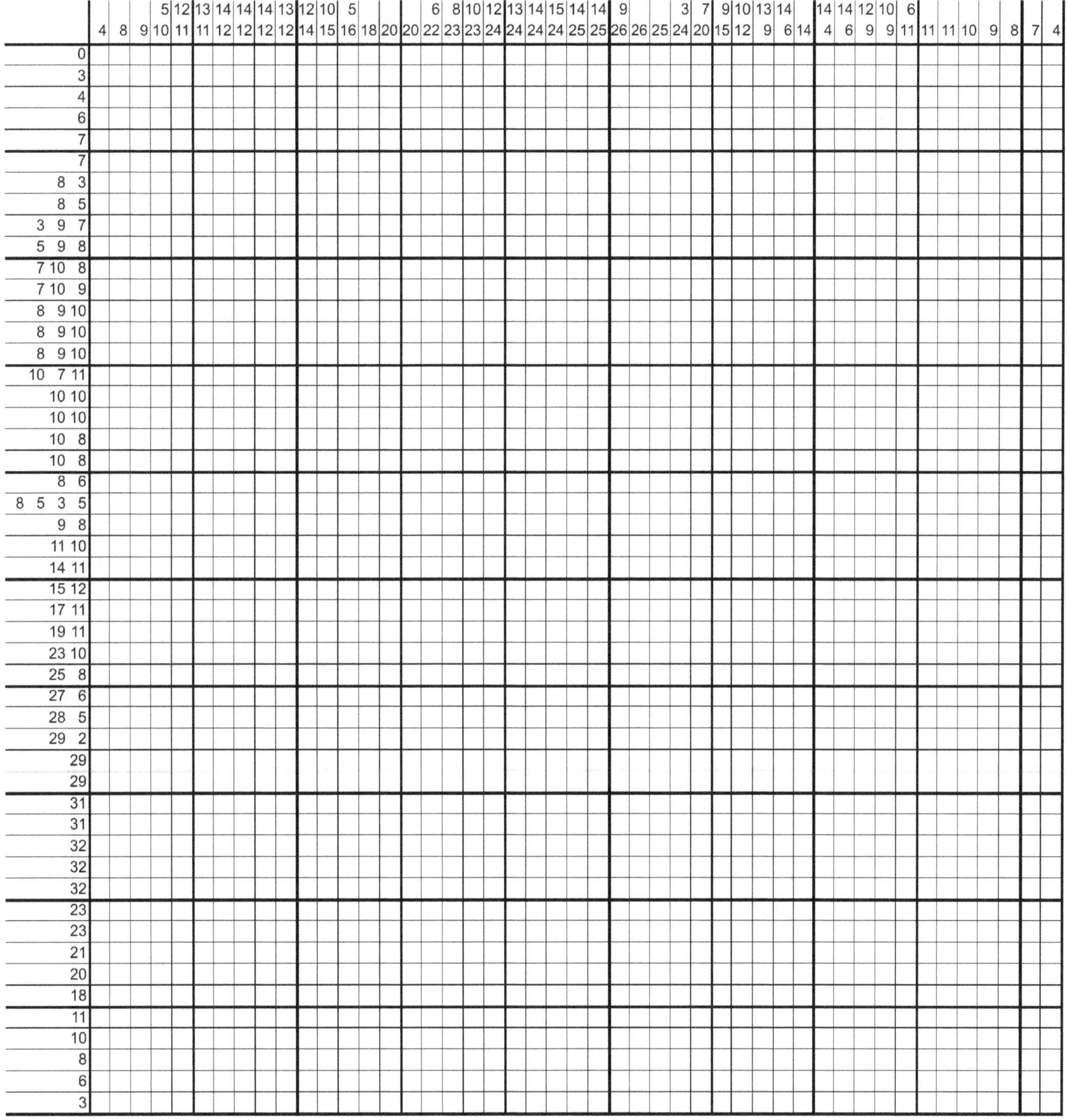
5 12 13 14 14 14 13 12 10 5 6 8 10 12 13 14 15 14 14 9 3 7 9 10 13 14 14 14 12 10 6
4 8 9 10 11 11 12 12 12 12 14 15 16 18 20 20 22 23 23 24 24 24 24 25 25 26 26 25 24 20 15 12 9 6 14 4 6 9 9 11 11 11 10 9 8 7 4
0
3
4
6
7
7
8 3
8 5
3 9 7
5 9 8
7 10 8
7 10 9
8 9 10
8 9 10
8 9 10
10 7 11
10 10
10 10
10 8
10 8
8 6
8 5 3 5
9 8
11 10
14 11
15 12
17 11
19 11
23 10
25 8
27 6
28 5
29 2
29
29
31
31
32
32
32
23
23
21
20
18
11
10
8
6
3

Piano

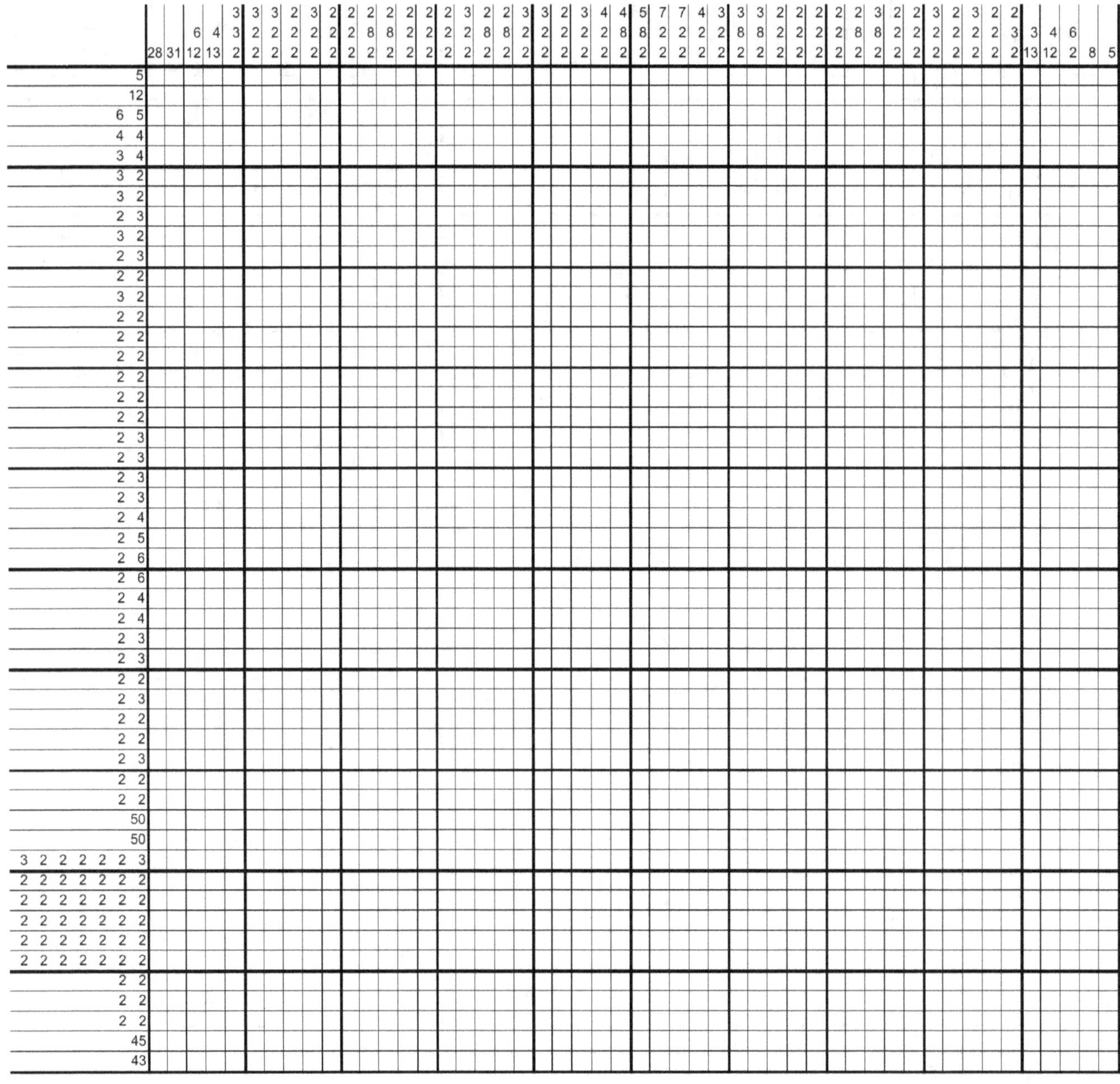
28
31
6 12
4 13
3 3 2
3 2 2
3 2 2
2 2 2
3 2 2
2 2 2
2 2 2
2 8 2
2 8 2
2 2 2
2 2 2
2 2 2
3 2 2
2 8 2
2 8 2
3 2 2
3 2 2
2 2 2
3 2 2
4 2 2
4 8 2
5 8 2
7 2 2
7 2 2
4 2 2
3 2 2
3 8 2
3 8 2
2 2 2
2 2 2
2 2 2
2 2 2
2 8 2
3 8 2
2 2 2
2 2 2
3 2 2
2 2 2
3 2 2
2 2 2
2 3 2
3 13
4 12
6 2
8
5
5
12
6 5
4 4
3 4
3 2
3 2
2 3
3 2
2 3
2 2
3 2
2 2
2 2
2 2
2 2
2 2
2 2
2 3
2 3
2 3
2 3
2 4
2 5
2 6
2 6
2 4
2 4
2 3
2 3
2 2
2 3
2 2
2 2
2 3
2 2
2 2
50
50
3 2 2 2 2 2 3
2 2 2 2 2 2 2
2 2 2 2 2 2 2
2 2 2 2 2 2 2
2 2 2 2 2 2 2
2 2 2 2 2 2 2
2 2
2 2
2 2
45
43

Moustache

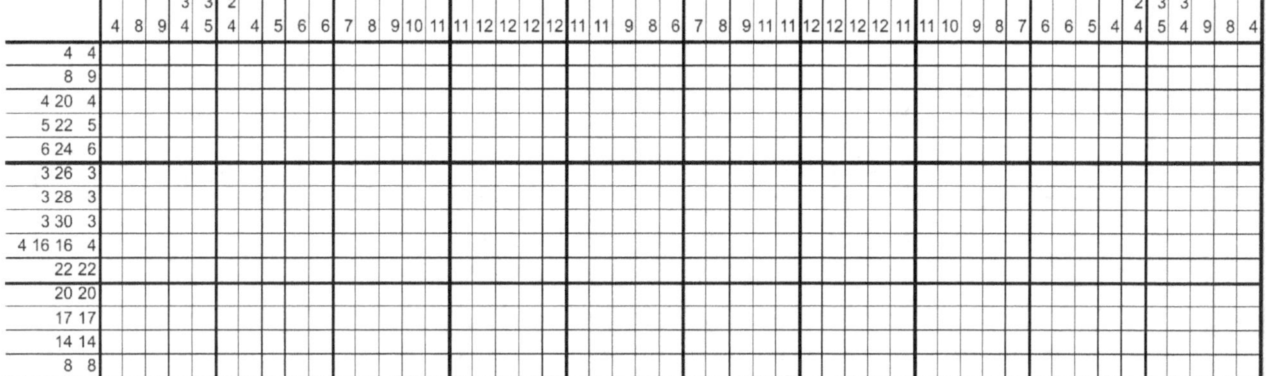

3 3 2 2 3 3
4 8 9 4 5 4 4 5 6 6 7 8 9 10 11 11 12 12 12 12 11 11 9 8 6 7 8 9 11 11 12 12 12 12 11 11 10 9 8 7 6 6 5 4 4 5 4 9 8 4
4 4
8 9
4 20 4
5 22 5
6 24 6
3 26 3
3 28 3
3 30 3
4 16 16 4
22 22
20 20
17 17
14 14
8 8

Monkey

Column	Clue
1	0
2	6
3	7
4	9
5	9 1
6	9 3
7	10 3
8	12 3
9	15 5
10	28
11	25
12	21
13	17
14	13
15	13
16	14
17	18
18	21 1
19	11 15
20	12 12
21	13 7
22	13
23	12
24	7 12
25	6 12
26	5 12
27	4 11 2 1
28	3 10 8 2
29	2 23 2
30	2 25 3
31	2 29
32	2 17 11
33	2 18 6
34	2 17 2
35	2 21
36	2 4 16
37	3 4 15
38	4 4 14
39	5 5 5
40	13 5
41	9 4
42	3 5 1
43	4 2
44	4 2
45	9
46	8
47	5

Row	Clue
1	6
2	11
3	3 4
4	3 4
5	2 3
6	3 3
7	2 3
8	3 2
9	2 3
10	2 3
11	2 3
12	1 2
13	1 3
14	1 3
15	3
16	4
17	4
18	4
19	5
20	5
21	6 7
22	8 11
23	10 15
24	11 20
25	36
26	36
27	37
28	37
29	35
30	32
31	31
32	20 10
33	18 10
34	16 11
35	10 3 11
36	10 6 5
37	10 5 6
38	4 4 5 8
39	4 4 5 8
40	4 4 5 8
41	4 4 5 8
42	3 3 4 6
43	3 4 5 4
44	3 4 4 3
45	2 3 4 3
46	3 3 4 2
47	3 3 5 4
48	5 3 7 5
49	6 3 5
50	4 3

Ice Cream

																	1	2		1																	
													2	2	2	2	2	2	6	2	2		6	1	2	3											
								2	2	2	4	6	1	2	2	2	2	2	2	2	2	8	2	3	3	4	7	2	2	2	3						
			2	2	2	7	7	3	2	2	2	2	2	2	2	2	2	2	2	2	2	2	1	2	2	2	2	2	3	3	4	6	1	2	3		
2	9	10	4	6	8	10	11	11	11	15	20	25	27	27	27	27	27	28	28	28	29	29	27	27	27	26	21	15	11	11	11	10	8	5	6	10	2

			3
			4
		1	2
		2	2
		9	5
	8	2	3
	2	2	2
	2	2	1
	5	3	5
		17	7
2	7	2	2
	2	3	1
	2	3	1
	3	3	2
	8	5	5
	21	2	3
3	8	3	2
	2	3	1
	2	3	1
	2	3	1
	2	3	2
	2	4	2
	3	5	2
			38
			38
			33
			31
			31
			30
			29
			29
			27
			27
			25
			19
			19
			19
			19
			17
			17
			17
			17
			17
			16
			15
			15
			15
			15
			14
			13

Husky

5 | 9 | 7 6 10 | 11 10 13 | 14 25 | 33 4 | 32 | 33 | 32 | 31 | 8 19 | 8 19 | 7 16 | 9 13 | 9 13 | 8 13 | 7 13 | 4 13 | 14 | 14 | 14 | 16 | 16 | 16 | 16 | 17 | 17 | 17 | 18 | 19 | 20 8 | 34 | 36 | 39 | 40 | 41 | 34 6 | 28 5 | 28 3 | 25 | 25 | 22 | 20 | 18 | 8 | 6 | 5 | 5 | 4 | 2

Row clues (top to bottom):

0
1 1
4
8
9
5 14
9 16
11 17
13 16
15 16
15 15
16 14
16 14
8 5 15
8 5 16
8 3 19
9 23
41
41
40
40
38
39
39
39
39
38
37
37
36
11 19
10 16
10 6
8 7
9 7
7 7
7 7
7 6
6 6
5 6
5 7
5 7
5 8
5 8
5 7
5 5
3

Gun

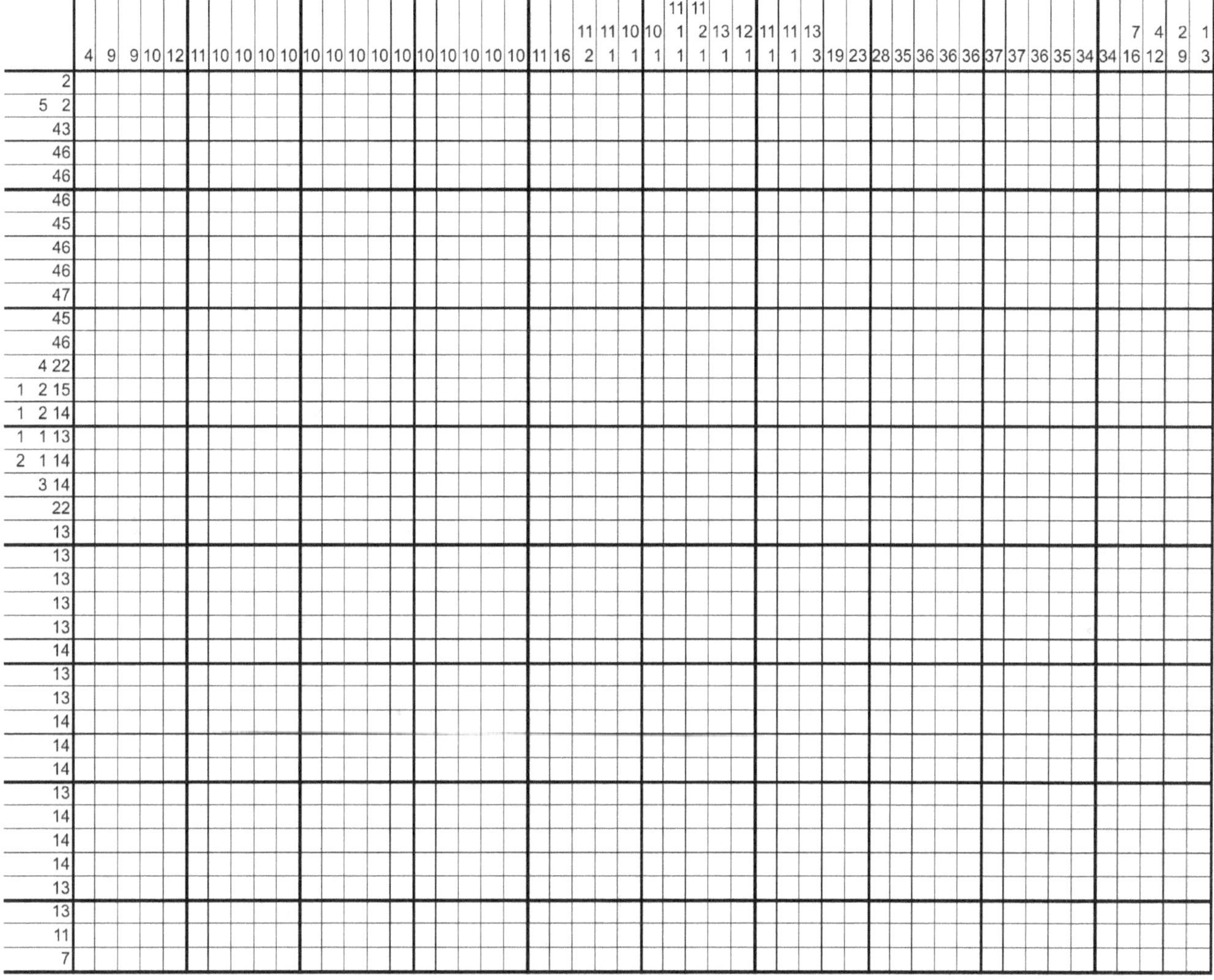

4
9
9
10
12
11
10
10
10
10
10
10
10
10
10
10
10
10
10
10
11
16
11 2
11 1
10 1
10 1
11 1 1
11 2 1
13 1
12 1
11 1
11 1
13 3
19
23
28
35
36
36
36
37
37
36
35
34
34
7 16
4 12
2 9
1 3
2
5 2
43
46
46
46
45
46
46
47
45
46
4 22
1 2 15
1 2 14
1 1 13
2 1 14
3 14
22
13
13
13
13
13
14
13
13
14
14
14
13
14
14
14
13
13
11
7

Gift

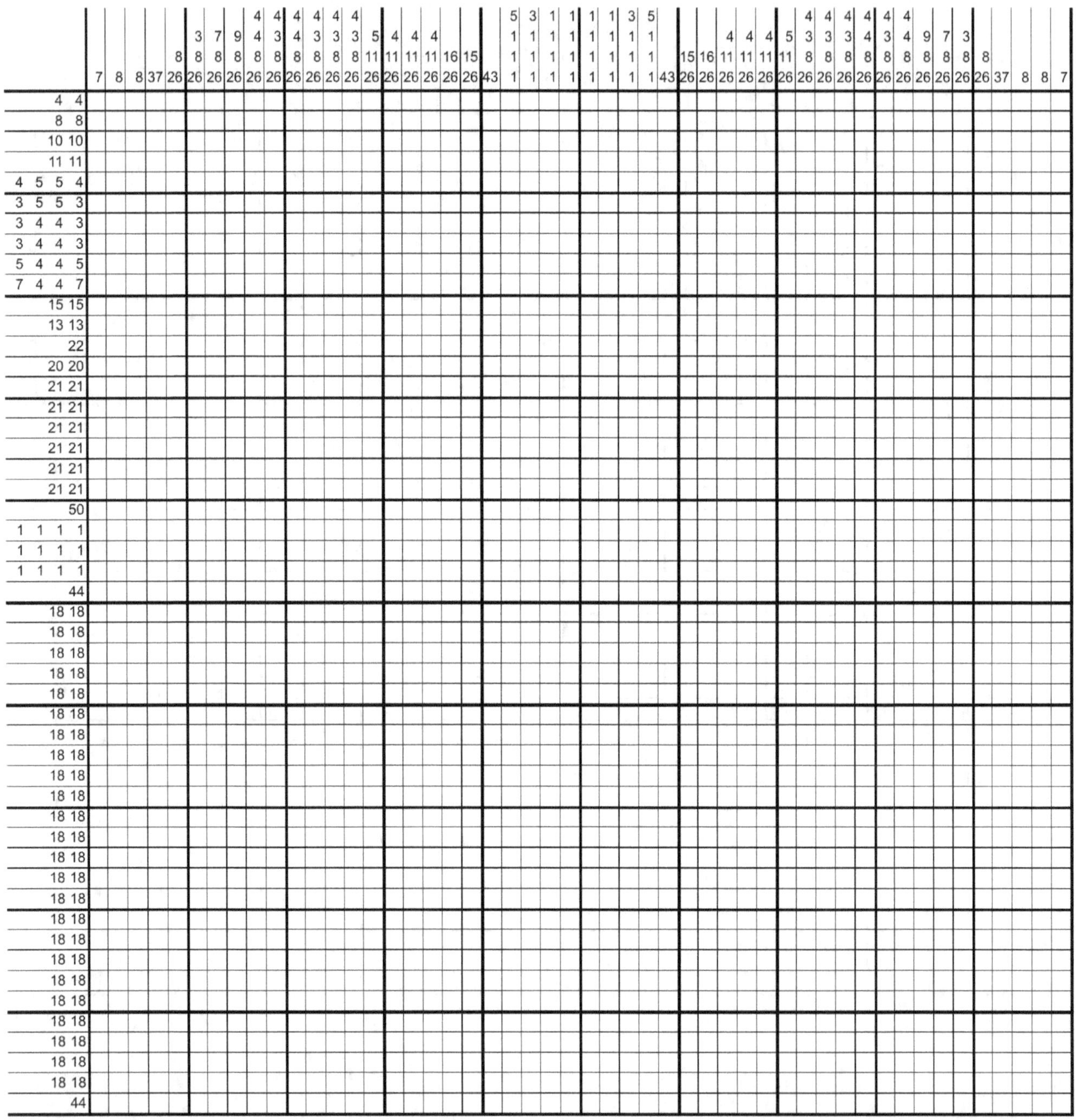
7
8
8
37
8 26
3 8 26
7 8 26
9 8 26
4 4 8 26
4 3 8 26
4 4 8 26
4 3 8 26
4 3 8 26
4 3 8 26
5 11 26
4 11 26
4 11 26
4 11 26
16 26
15 26
43
5 1 1 1
3 1 1 1
1 1 1 1
1 1 1 1
1 1 1 1
1 1 1 1
3 1 1 1
5 1 1 1
43
15 26
16 26
4 11 26
4 11 26
4 11 26
5 11 26
4 3 8 26
4 3 8 26
4 3 8 26
4 4 8 26
4 3 8 26
4 4 8 26
9 8 26
7 8 26
3 8 26
8 26
37
8
8
7
4 4
8 8
10 10
11 11
4 5 5 4
3 5 5 3
3 4 4 3
3 4 4 3
5 4 4 5
7 4 4 7
15 15
13 13
22
20 20
21 21
21 21
21 21
21 21
21 21
21 21
50
1 1 1 1
1 1 1 1
1 1 1 1
44
18 18
18 18
18 18
18 18
18 18
18 18
18 18
18 18
18 18
18 18
18 18
18 18
18 18
18 18
18 18
18 18
18 18
18 18
18 18
18 18
18 18
18 18
18 18
18 18
44

Eiffel Tower

Column	1	2	3	4	5	6	7	8	9	10	11	12	13	14	15	16	17	18	19	20	21	22	23	24	25	26	27
Clues	1	3	4	6	6	8	12	10	10	13	17	16 6	27 6	21 4 6	27 6	16 6	16	12	10	10	12	8	6	6	4	3	1

Row clues
0
1
1
1
3
3
3
3
3
3
3
3
3
3
3
3
3
3
3
3
5
5
2 2
2 2
2 2
2 2
2 2
7
7
7
7
3 2
3 3
3 3
3 3
4 4
3 3
15
15
15
15
17
17
7 6
6 6
5 5
6 6
6 6
6 6
4 4

Einstein

Column	Clue
1	0
2	5
3	8
4	10
5	11
6	11
7	3 6 11
8	5 8 12
9	7 8 12
10	7 8 13
11	8 10 14
12	8 10 14
13	19 15
14	7 9 16
15	4 9 16
16	4 28
17	4 27
18	6 1 17
19	1 2 12
20	1 1 11
21	1 3 10
22	1 2 2 3 5
23	1 1 2 2 2 3
24	1 1 1 2
25	2 2 2 2
26	1 1 3 3 3 3
27	1 1 1 1 2 2 5
28	2 3 6
29	1 1 2 3 8
30	6 4 1 8
31	2 3 3 2 8
32	3 2 2 4 3
33	1 2 1 2 2
34	1 1 2 2 3
35	1 2 3 4
36	2 16
37	5 25
38	5 7 17
39	14 16
40	17 15
41	17 15
42	16 14
43	16 13
44	13 12
45	9 1 11
46	1 1 1 11
47	10
48	7
49	4
50	0

Row	Clue
1	7 4
2	9 9
3	12 10
4	12 9
5	8 1 5 10
6	7 5 1 14
7	7 1 2 2 1 8
8	5 1 3 6 7
9	3 1 2 1 1 8
10	4 1 7
11	7 1 8
12	11 1 7
13	11 1 8
14	12 2 1 7
15	11 1 1 7
16	11 2 1 1 4
17	11 2 1 2
18	6 2 1 2 1 2
19	6 2 8 1
20	2 2 12 1
21	3 1 2 2
22	6 5
23	7 1 8
24	8 3 2 7
25	9 4 2 9
26	12 4 2 2 10
27	16 7 13
28	20 4 14
29	22 1 13
30	22 6 14
31	20 8 14
32	20 8 14
33	21 7 14
34	20 5 13
35	21 5 13
36	20 5 12
37	20 5 12
38	0

Crab

Column	Clue
1	5 2
2	11 4
3	14 4
4	17 3
5	19 3 1
6	21 2 1
7	22 2 2
8	6 13 2 2 5
9	4 13 2 2 3 1
10	2 8 5 2 2 3
11	1 8 6 2 2 2
12	1 8 9 2 3
13	8 12 2 3
14	8 15 6
15	6 16 3 3
16	20 1
17	19
18	21
19	22
20	26
21	26
22	25
23	25
24	25
25	25
26	25
27	25
28	25
29	25
30	26
31	26
32	22
33	21
34	19
35	20 1
36	6 16 3 3
37	8 15 6
38	7 12 2 4
39	8 9 2 3
40	1 8 6 2 2 2
41	2 8 5 2 2 2
42	4 13 2 2 3 1
43	6 13 2 2 5
44	22 2 2
45	21 2 1
46	19 3 1
47	17 3
48	14 4
49	12 4
50	6 2

Row	Clue
1	5 4
2	5 5
3	5 5
4	6 6
5	6 6
6	7 7
7	6 2 2 6
8	6 2 2 6
9	7 3 3 7
10	7 4 4 7
11	7 6 6 7
12	15 15
13	14 14
14	13 14
15	12 12
16	12 2 2 11
17	10 2 2 11
18	9 12 9
19	6 14 6
20	6 16 6
21	7 22 7
22	2 40 2
23	3 38 3
24	2 36 2
25	3 32 3
26	3 30 3
27	3 28 3
28	42
29	38
30	28
31	26
32	26
33	42
34	6 24 6
35	24
36	28
37	3 20 3
38	3 20 3
39	2 22 2
40	3 3 16 3 2
41	2 2 12 3 2
42	1 2 8 2 1
43	1 2 2 1
44	2 3 3 2
45	2 2
46	2 2
47	0
48	0

Controller

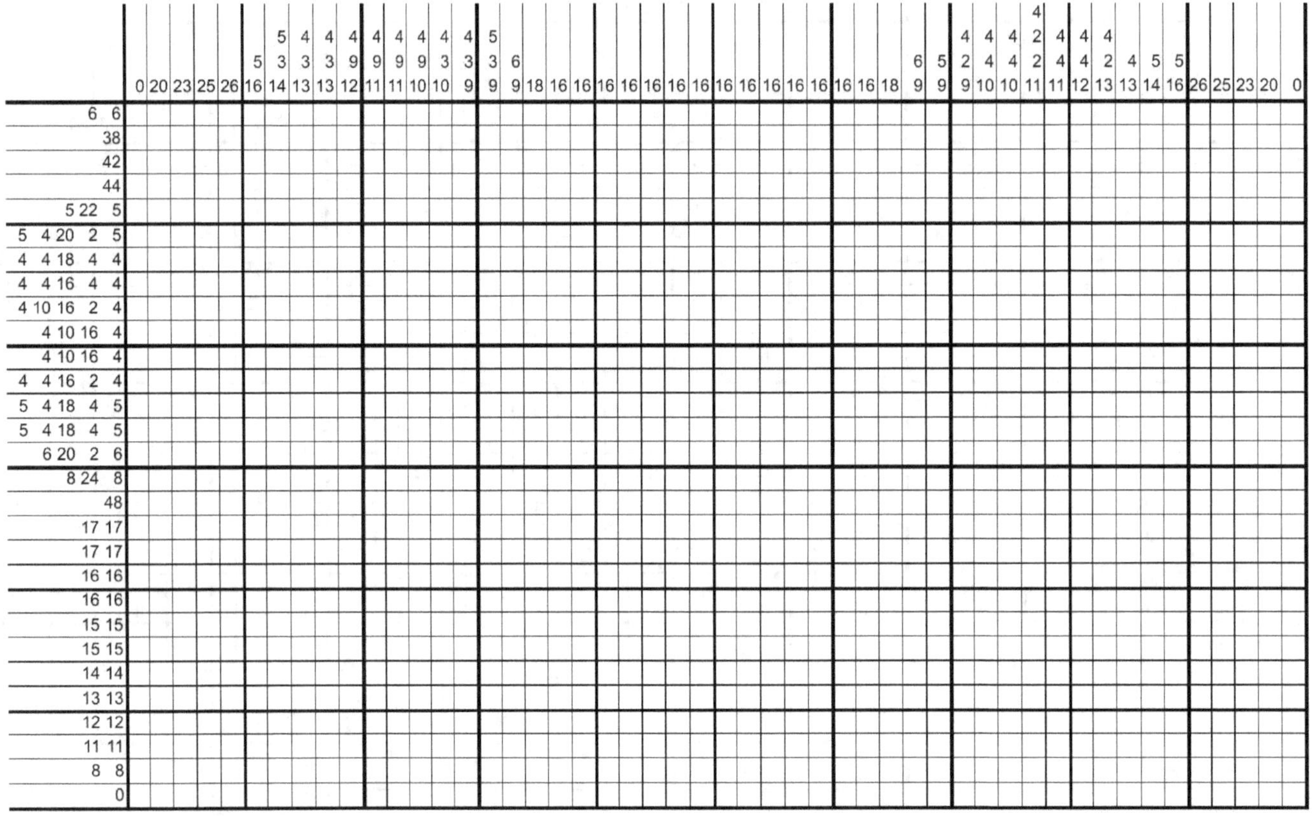
0
20
23
25
26
5 16
5 3 14
4 3 13
4 3 13
4 9 12
4 9 11
4 9 11
4 9 10
4 3 10
4 3 9
5 3 9
6 9
18
16
16
16
16
16
16
16
16
16
16
16
16
16
16
18
6 9
5 9
4 2 9
4 4 10
4 4 10
4 2 2 11
4 4 11
4 4 12
4 2 13
4 13
5 14
5 16
26
25
23
20
0
6 6
38
42
44
5 22 5
5 4 20 2 5
4 4 18 4 4
4 4 16 4 4
4 10 16 2 4
4 10 16 4
4 10 16 4
4 4 16 2 4
5 4 18 4 5
5 4 18 4 5
6 20 2 6
8 24 8
48
17 17
17 17
16 16
16 16
15 15
15 15
14 14
13 13
12 12
11 11
8 8
0

Boot

1. 0
2. 47
3. 1 2 2 2
4. 1 2 2 2
5. 1 2 2 5
6. 1 2 2 4
7. 1 2 2 5
8. 1 2 2 2
9. 1 2 2 2
10. 1 2 2 2
11. 1 2 2 2
12. 1 2 2 5
13. 1 2 2 4
14. 1 2 2 5
15. 1 2 2 2
16. 1 2 2 2
17. 1 2 2 2
18. 1 2 2 2
19. 1 2 2 5
20. 1 2 2 2 4
21. 1 2 2 2 2 5
22. 1 15 2 2
23. 1 2 2 1 2 2
24. 1 2 2 1 2 2
25. 21 2 2 2
26. 21 3 2 5
27. 5 2 4
28. 4 2 2 5
29. 2 3 2 2
30. 4 2 2
31. 4 2 2
32. 3 3 2
33. 2 1 3 5
34. 7 3 4
35. 2 1 9
36. 2 1 4 2
37. 5 5 2
38. 4 5 4
39. 4 5 2
40. 4 5 2
41. 3 5 2
42. 3 5 4
43. 3 5 4
44. 3 10
45. 2 8
46. 3 8
47. 3 5 3
48. 9 3
49. 10
50. 0

Row clues (top to bottom):

1. 0
2. 25
3. 1 2
4. 1 2
5. 1 2
6. 1 2
7. 1 2
8. 1 2
9. 25
10. 25
11. 1 1 2
12. 1 1 2
13. 1 1 2
14. 1 1 2
15. 1 1 2
16. 1 7
17. 1 7
18. 1 1 2
19. 1 1 2
20. 1 1 2
21. 1 1 3
22. 1 8
23. 1 2 2
24. 1 3
25. 1 6
26. 1 2 3
27. 1 2 5
28. 1 9
29. 1 2 7
30. 1 2 1 8
31. 1 1 10
32. 1 15
33. 1 1 3
34. 1 2
35. 1 2
36. 1 2
37. 1 3
38. 1 7
39. 1 13
40. 1 18
41. 48
42. 45 1
43. 1 8 6
44. 1 3 3 3 3 3 6
45. 1 3 3 3 3 3 11
46. 1 3 3 3 3 3 7
47. 37 3
48. 4 6 6 6 6 4 2

Boat

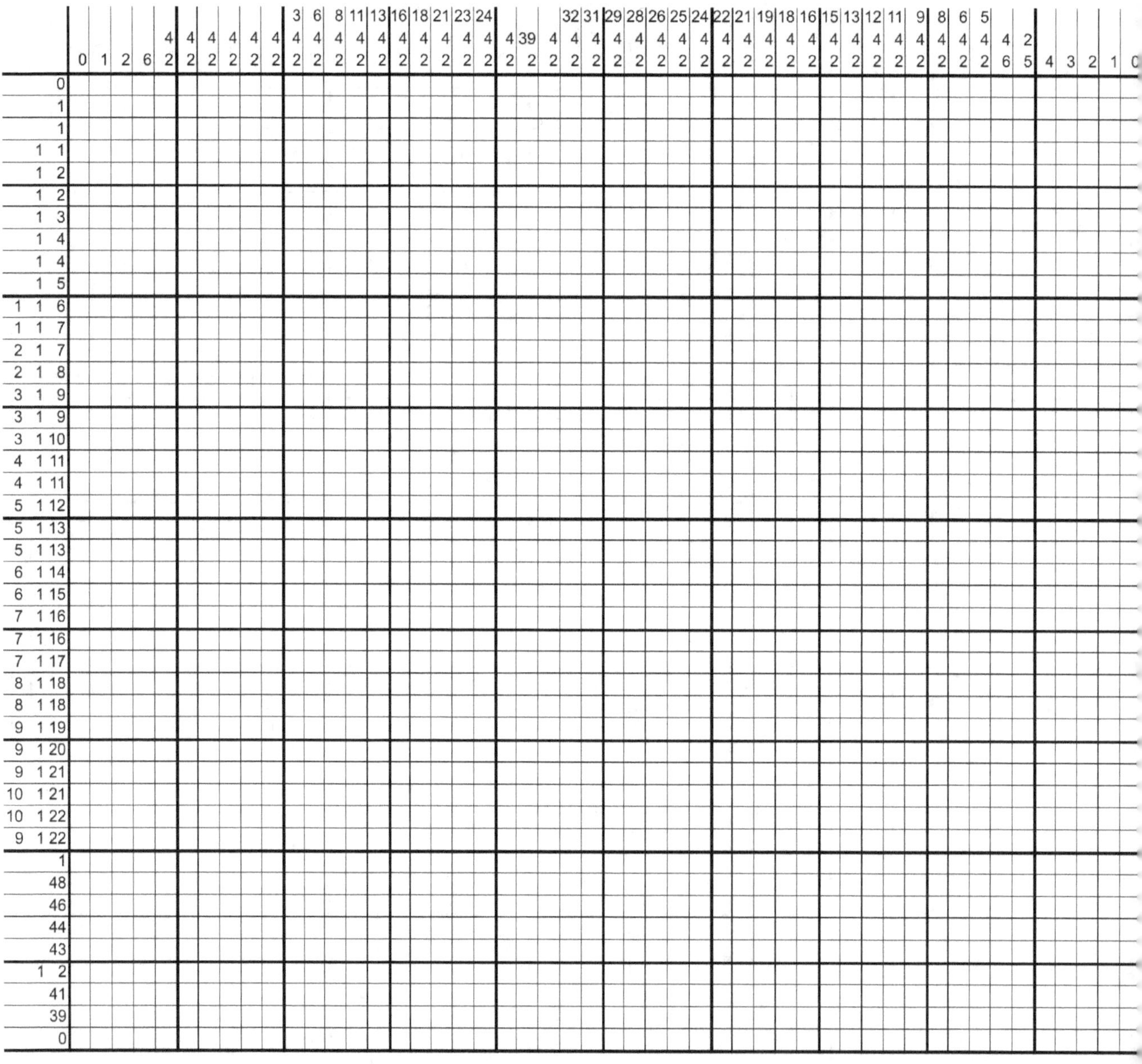

0
1
2
6
4 2
4 2
4 2
4 2
4 2
4 2
3 4 2
6 4 2
8 4 2
11 4 2
13 4 2
16 4 2
18 4 2
21 4 2
23 4 2
24 4 2
4 2
39 2
4 2
32 4 2
31 4 2
29 4 2
28 4 2
26 4 2
25 4 2
24 4 2
22 4 2
21 4 2
19 4 2
18 4 2
16 4 2
15 4 2
13 4 2
12 4 2
11 4 2
9 4 2
8 4 2
6 4 2
5 4 2
4 6
2 5
4
3
2
1
0
0
1
1
1 1
1 2
1 2
1 3
1 4
1 4
1 5
1 1 6
1 1 7
2 1 7
2 1 8
3 1 9
3 1 9
3 1 10
4 1 11
4 1 11
5 1 12
5 1 13
5 1 13
6 1 14
6 1 15
7 1 16
7 1 16
7 1 17
8 1 18
8 1 18
9 1 19
9 1 20
9 1 21
10 1 21
10 1 22
9 1 22
1
48
46
44
43
1 2
41
39
0

SOLUTIONS

1- Arrow

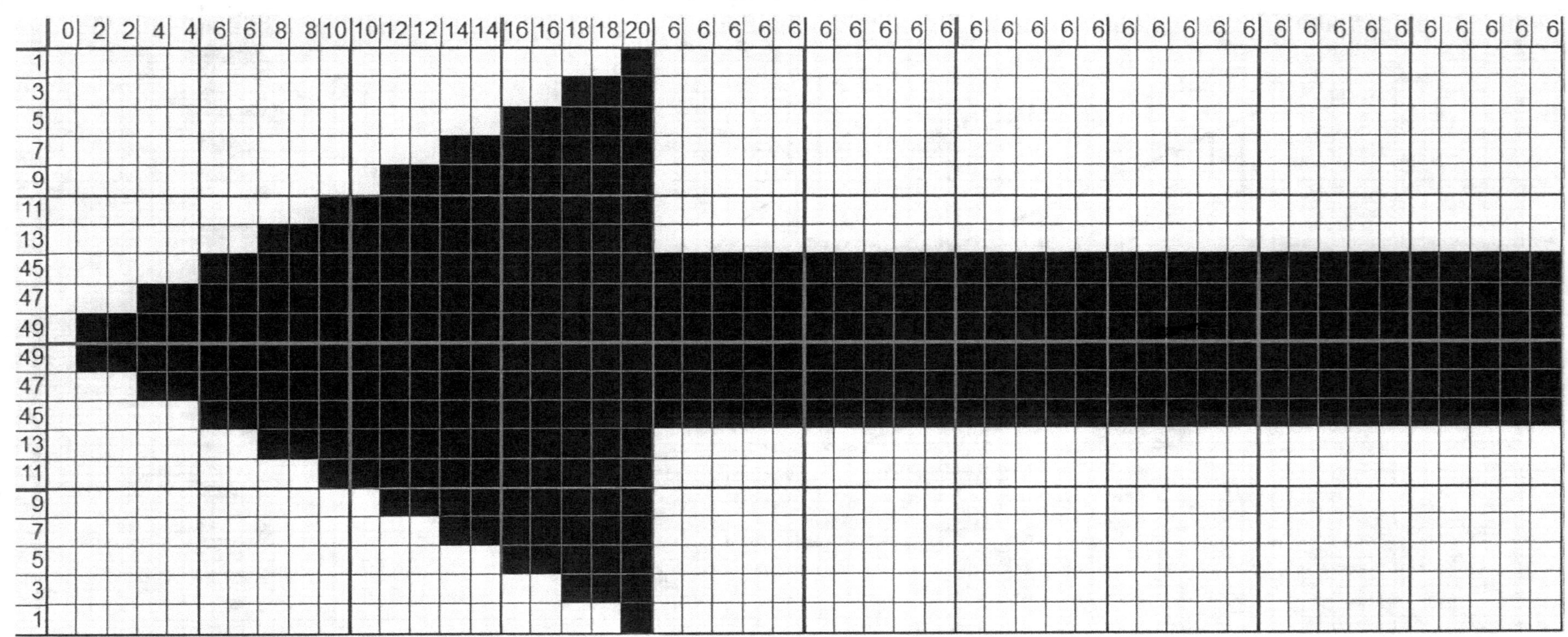
0 2 2 4 4 6 6 8 8 10 10 12 12 14 14 16 16 18 18 20 6 6 6 6 6 6 6 6 6 6 6 6 6 6 6 6 6 6 6 6 6 6 6 6 6 6 6 6 6 6
1 3 5 7 9 11 13 45 47 49 49 47 45 13 11 9 7 5 3 1

2- Boot

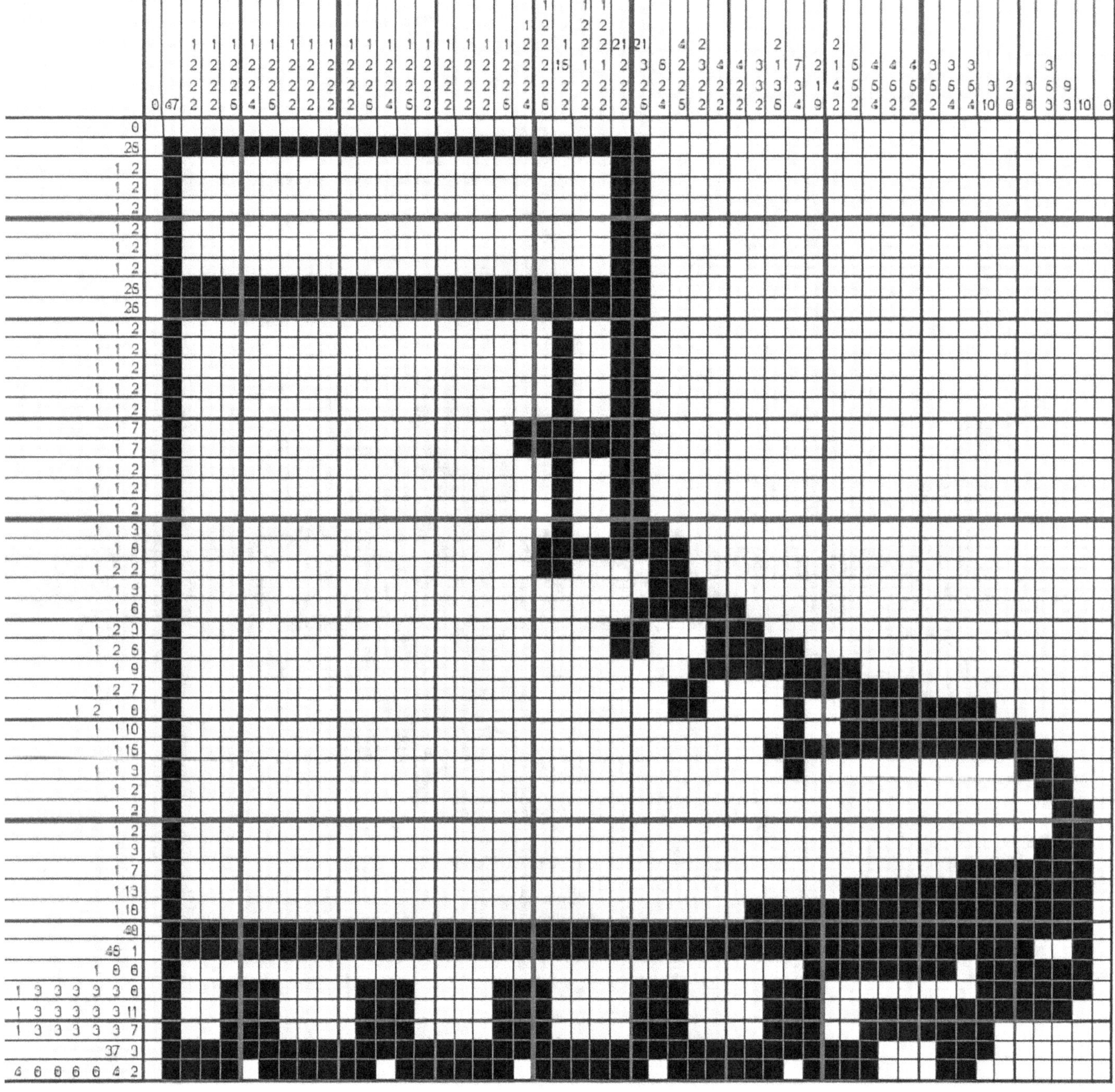

3- Plane

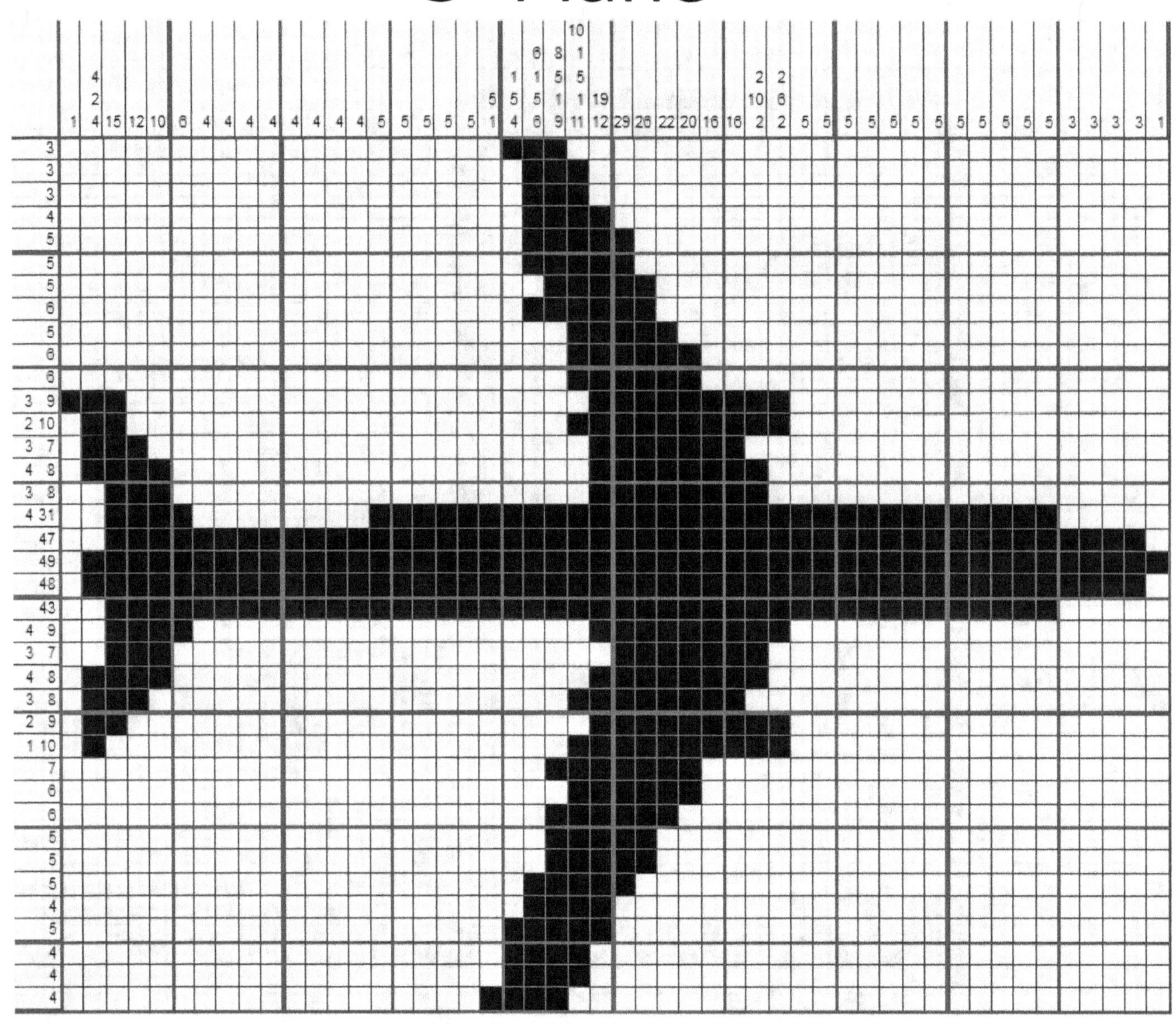

4- Obama

12 | 12 | 13 | 13 | 14 | 14 | 6 14 | 9 2 15 | 8 1 2 2 15 | 8 2 16 | 6 1 4 18 | 4 1 1 3 8 7 | 4 1 1 9 | 4 4 6 | 5 3 2 5 | 5 3 3 2 | 5 1 1 3 1 | 5 2 1 2 2 | 5 1 2 1 1 7 | 5 6 2 1 1 1 5 | 5 4 3 1 2 1 2 | 5 3 2 1 2 2 | 6 3 7 3 | 7 5 3 6 | 16 1 8 | 15 10 | 15 16 4 | 23 18 | 16 16 | 14 15 | 5 15 | 14 | 14 | 14 | 13 | 13 | 13

Row clues (top to bottom):

0
8
13
16
18
19
4 6
3 7
4 7
3 6
3 6
3 6
2 6
2 7
1 3 10
1 5 11
2 1 3 12
1 1 3 1 2 8
1 1 5
1 1 2 4
1 1 2 4
2 2 3
2 4 3
2 2 1 2
2 2 2
1 7 2
1 2 1 2 2
2 2 2 3
1 3 3 3
2 4 4
1 4
3 4
5 5
7 6
8 8
8 7 7
10 9
11 11
12 10
12 10
11 10
11 10
11 4 10
12 4 10
12 2 10
12 2 10
12 2 11
12 1 11
12 2 11
12 2 11

5- Headphones

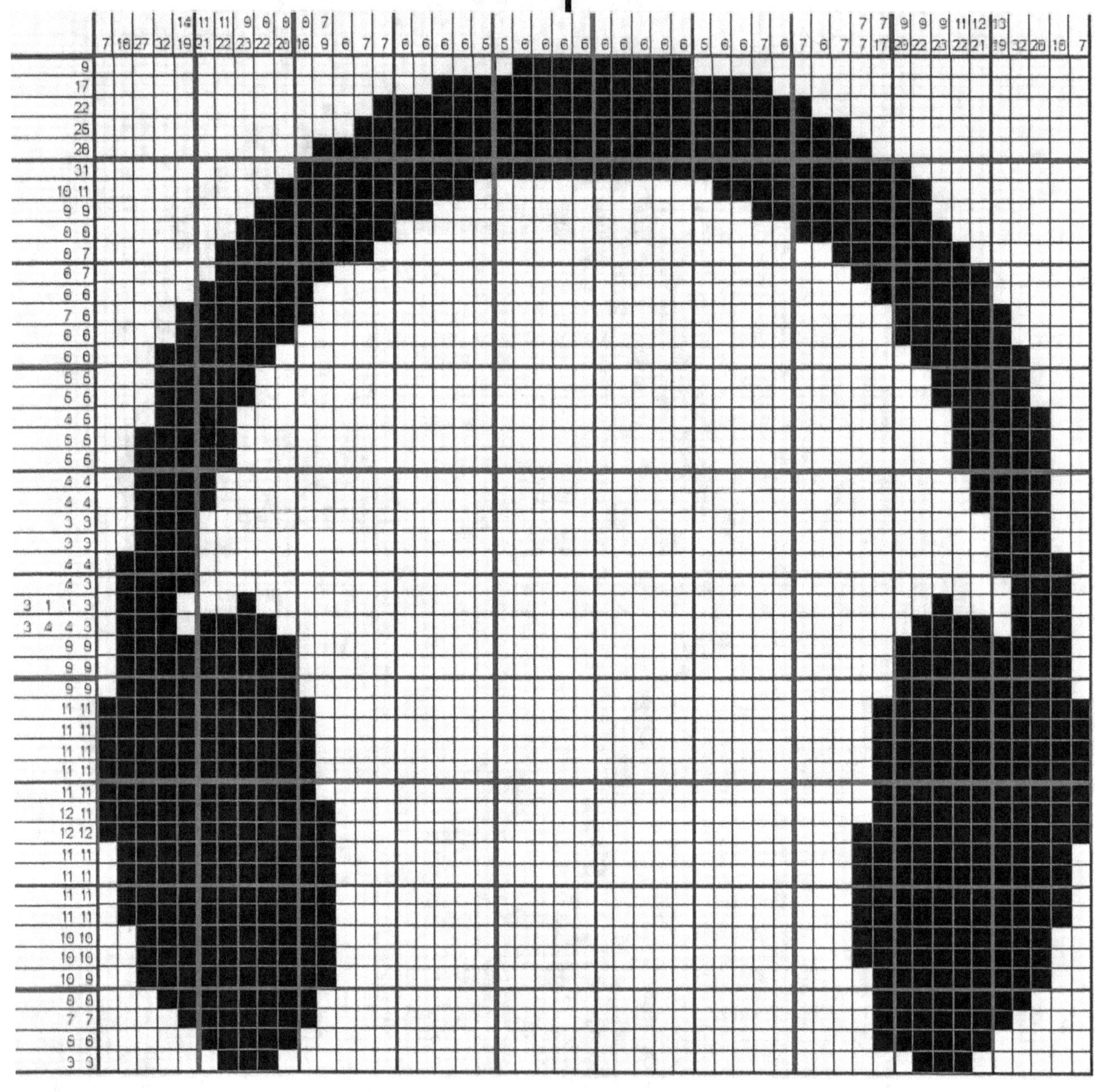

6- Lamp

0 | 2 | 4 | 6 | 8 | 10 | 14 | 16 | 19 | 21 | 1 21 5 | 1 21 10 2 | 1 20 2 13 2 | 1 20 1 16 3 | 1 20 1 23 | 1 47 | 20 1 23 | 1 20 1 16 3 | 1 20 2 13 2 | 1 21 10 2 | 1 21 5 | 21 | 19 | 16 | 13 | 10 | 8 | 6 | 3 | 2 | 0

Row clues (top to bottom):

11
1 1
3 3
15
15
15
17
17
18
19
19
21
21
23
23
25
26
27
29
29
25
19
11
1
1
3
1 1 1
7
3
5
7
7
9
9
9
11
11
11
11
11
9
9
7
5
5
3
5
9
9
3

7- Envelope

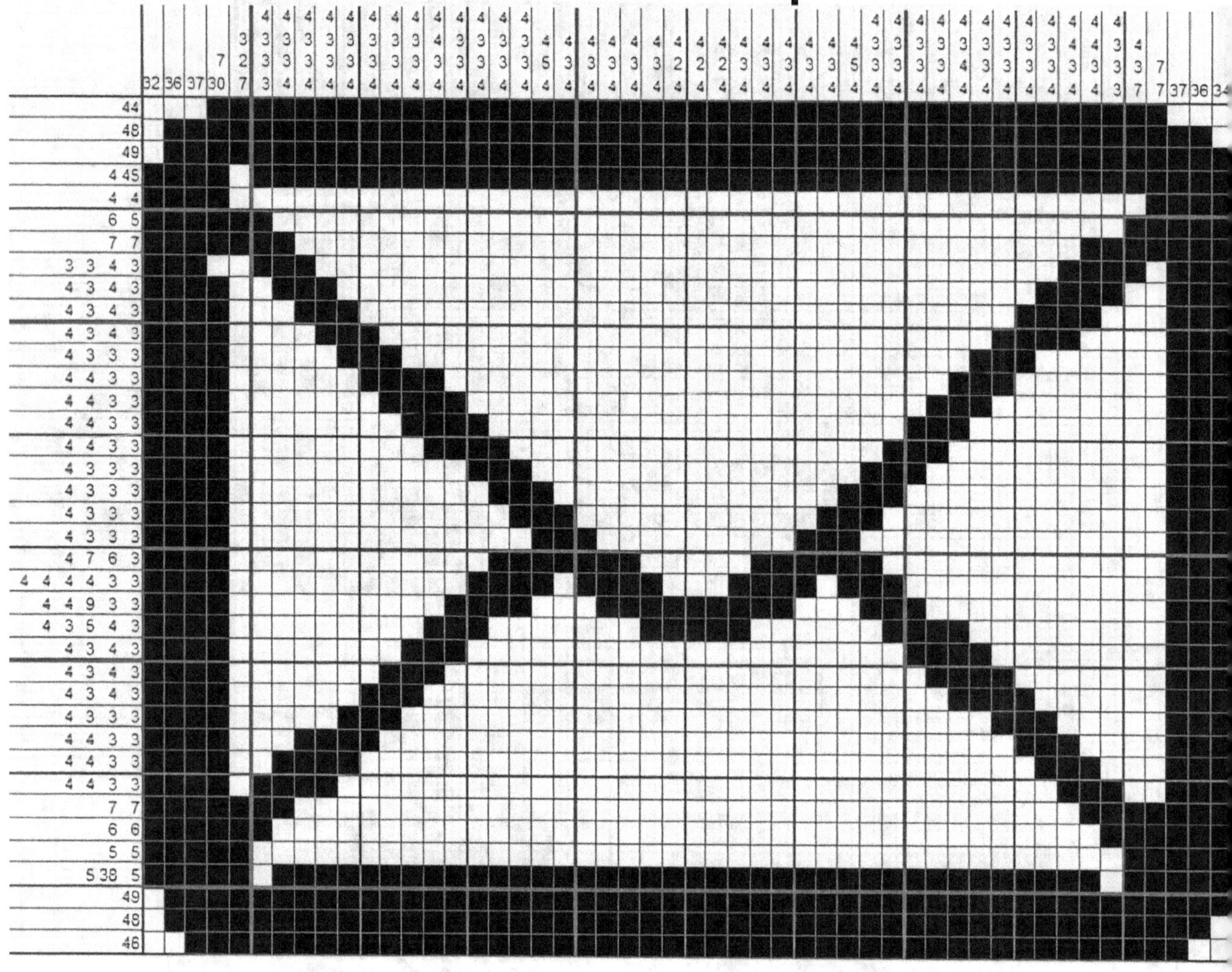

8- Dog

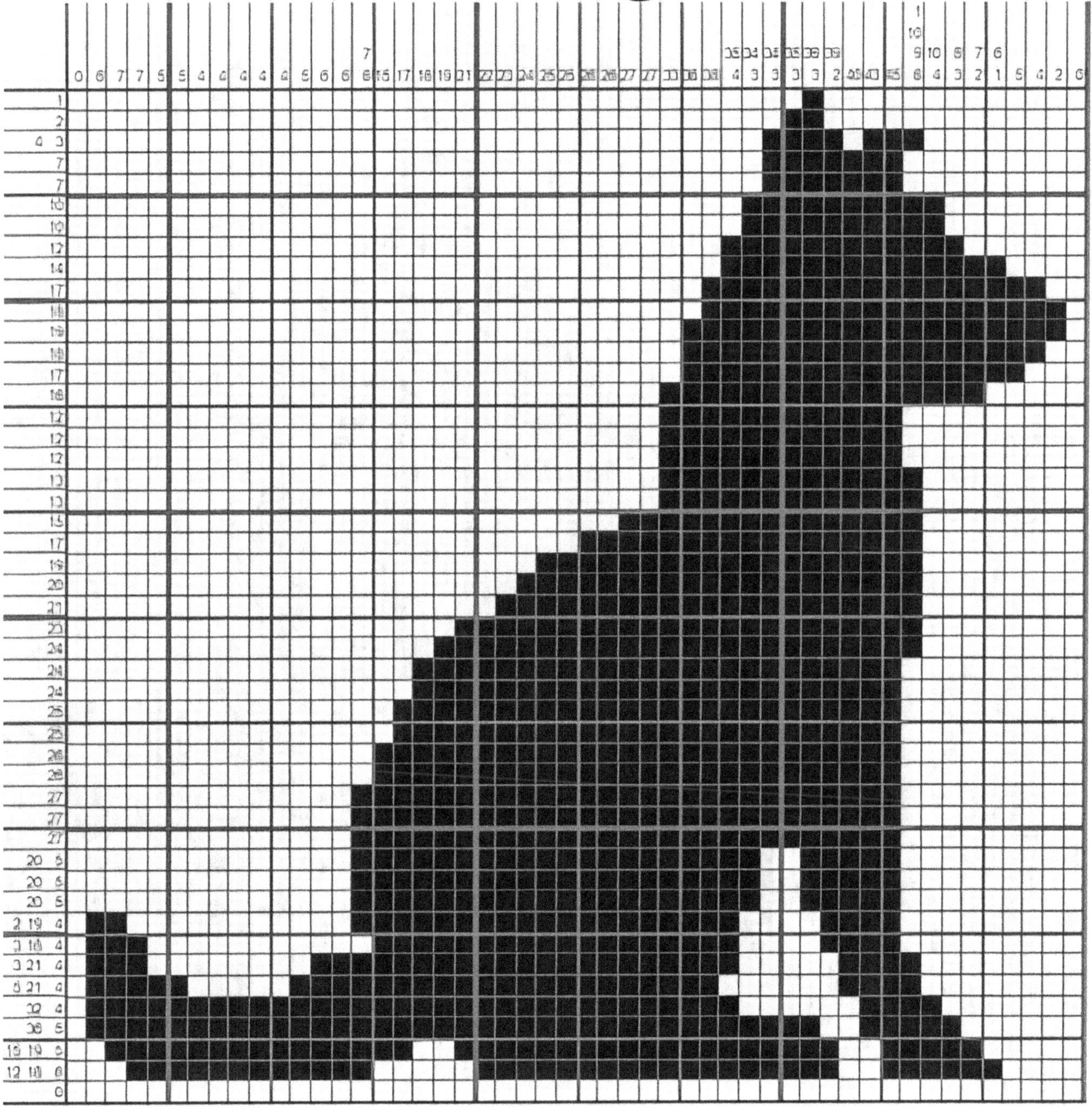

9- Building

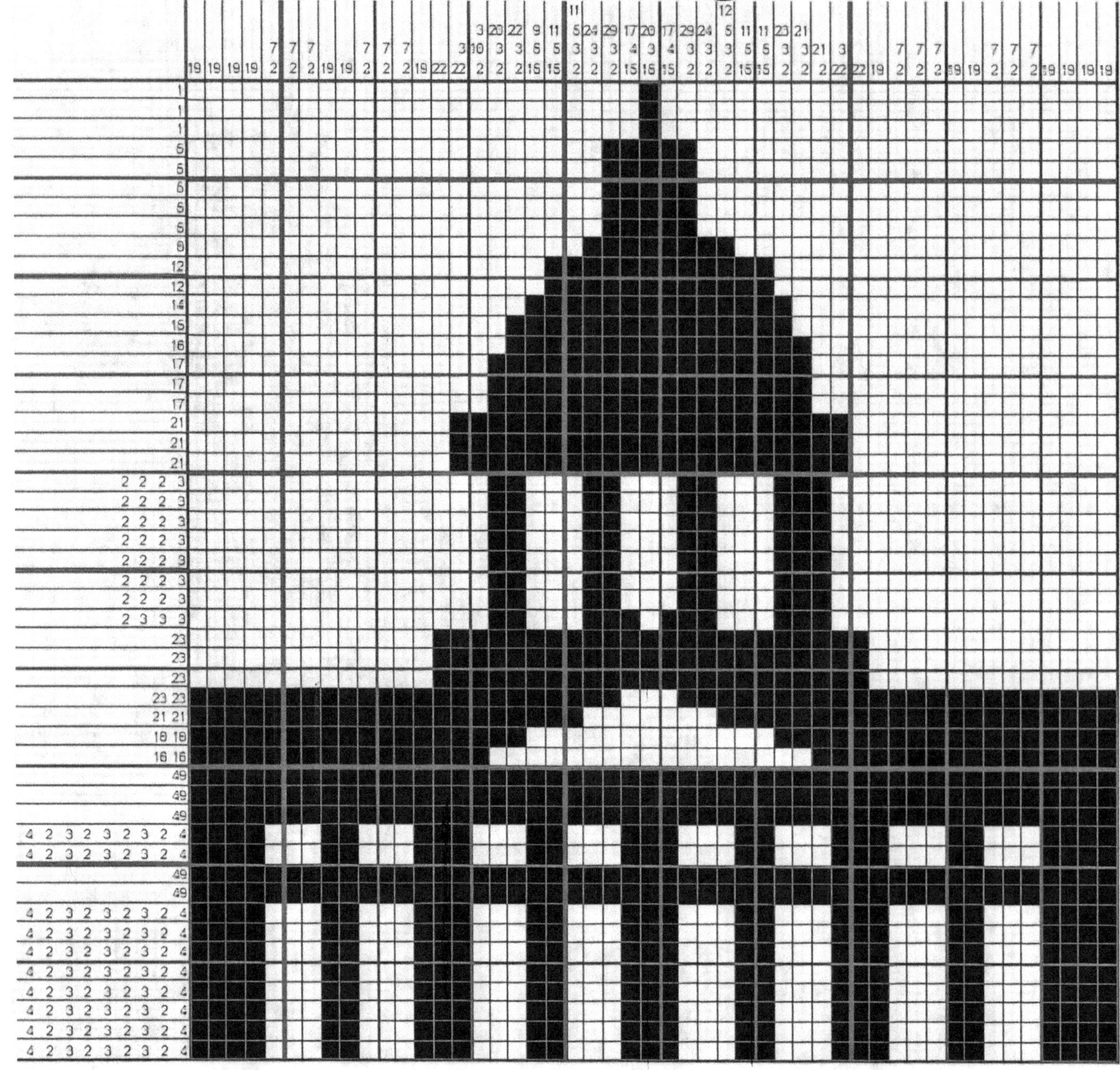

10- Santa

11- Umbrella

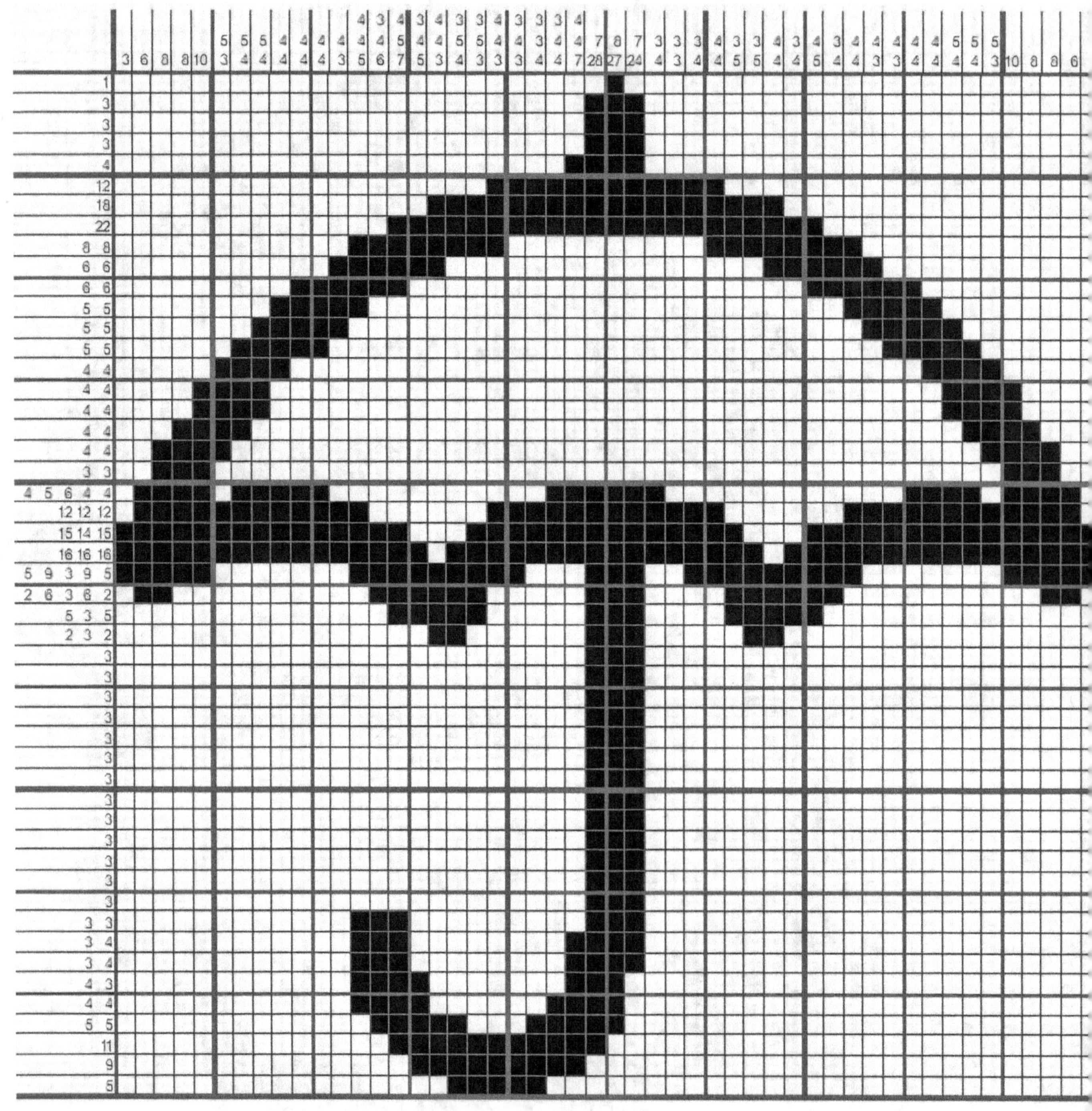

12- Plug

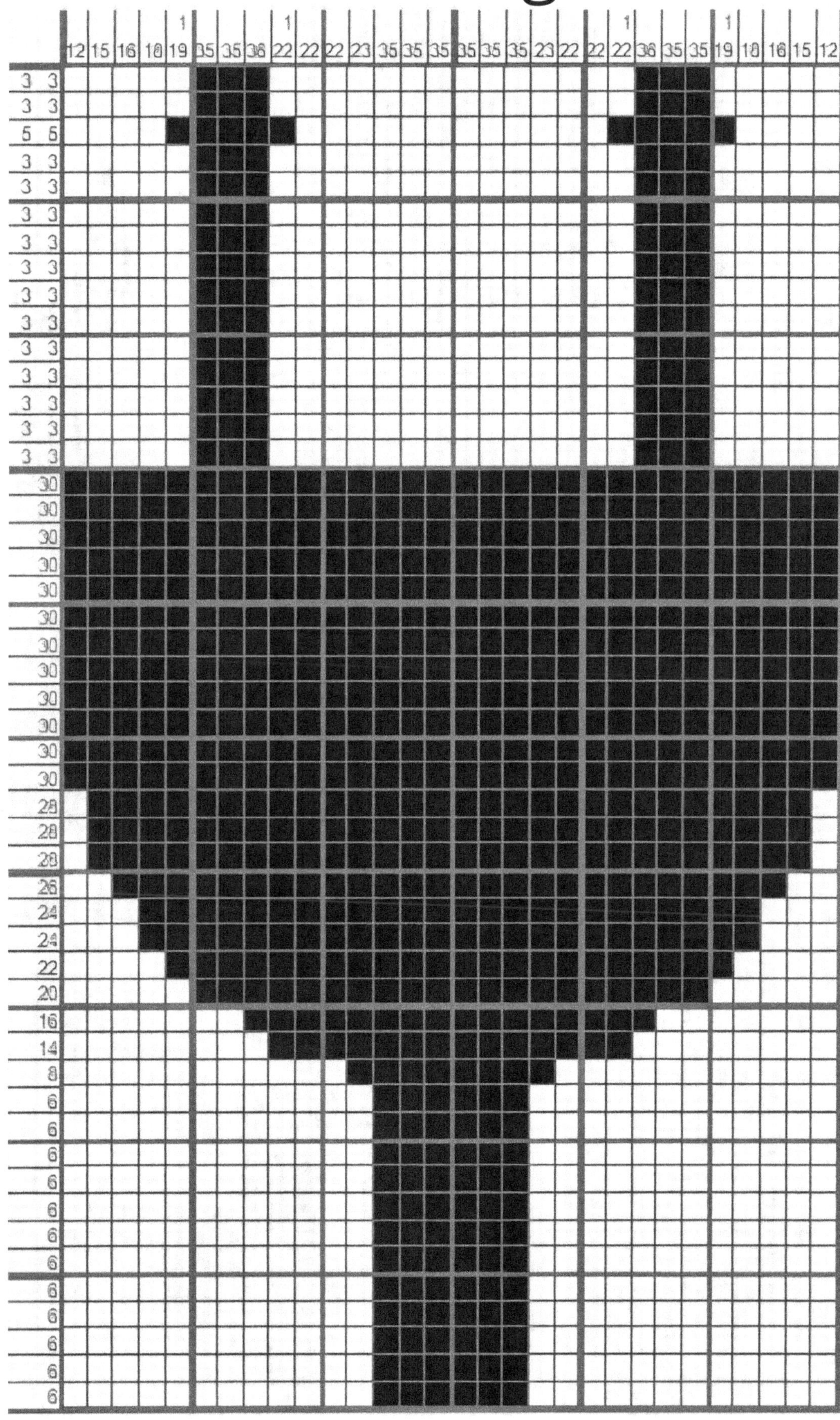

13- Scorpion

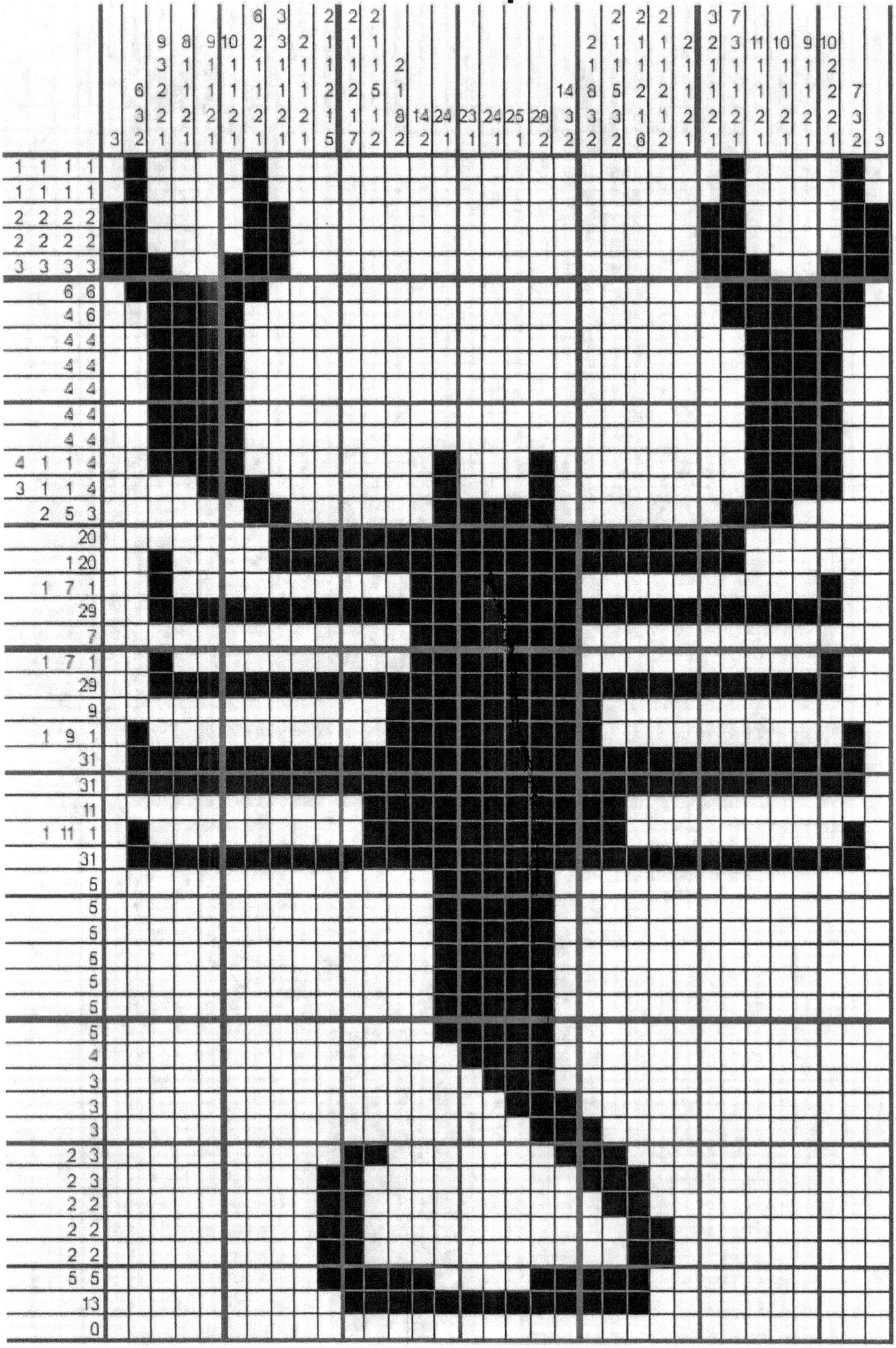
3
6 3 2
9 3 2 2 1
8 1 1 2 1
9 1 1 2 1
10 1 1 2 1
6 2 1 1 2 1
3 3 1 1 2 1
2 1 1 2 1
2 1 1 2 1 5
2 1 1 2 1 7
2 1 1 5 1 2
2 1 8 2
14 2
24 1
23 1
24 1
25 1
28 2
14 3 2
2 1 8 3 2
2 1 1 5 3 2
2 1 1 2 1 6
2 1 1 2 1 2
2 1 1 2 1
3 2 1 1 2 1
7 3 1 1 2 1
11 1 1 2 1
10 1 1 2 1
9 1 1 2 1
10 2 2 2 1
7 3 2
3
1 1 1 1
1 1 1 1
2 2 2 2
2 2 2 2
3 3 3 3
6 6
4 6
4 4
4 4
4 4
4 4
4 4
4 1 1 4
3 1 1 4
2 5 3
20
1 20
1 7 1
29
7
1 7 1
29
9
1 9 1
31
31
11
1 11 1
31
5
5
5
5
5
5
5
4
3
3
3
2 3
2 3
2 2
2 2
2 2
5 5
13
0

14- Letter W

2	3	4	7	10	14	18	21	25	29	32	3 29	2 25	2 21	17	13	10	13	13	13	13	13	13	14	12	16	20	24	28	32	31	27	22	18	14	10	11	12	12	2 13	2 13	3 13	17	14	11	8	6	4	3	2

14 6 11
14 7 11
11 7 8
9 7 6
8 8 5
8 9 5
9 9 4
8 9 5
8 11 4
8 11 4
8 11 5
8 11 4
8 4 7 4
8 4 8 5
8 4 8 4
8 4 8 4
8 4 7 4
8 4 8 4
8 3 8 4
8 4 8 4
8 4 7 4
7 3 8 4
8 4 8 4
8 4 8 4
8 4 7 4
11 12
11 11
11 11
10 10
9 9
9 9
9 9
7 7
7 7
7 6

15- Octopus

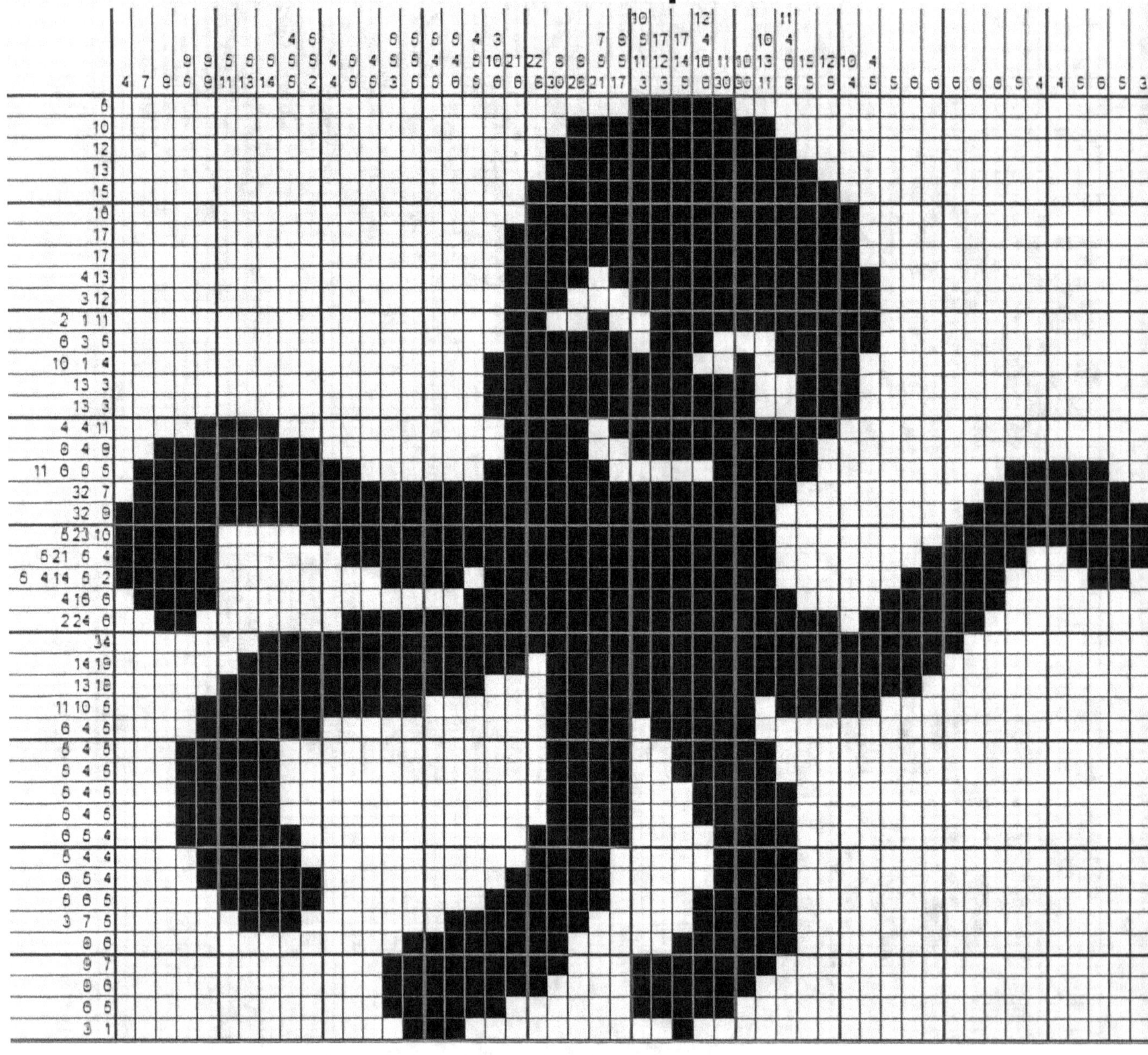

16- Heart

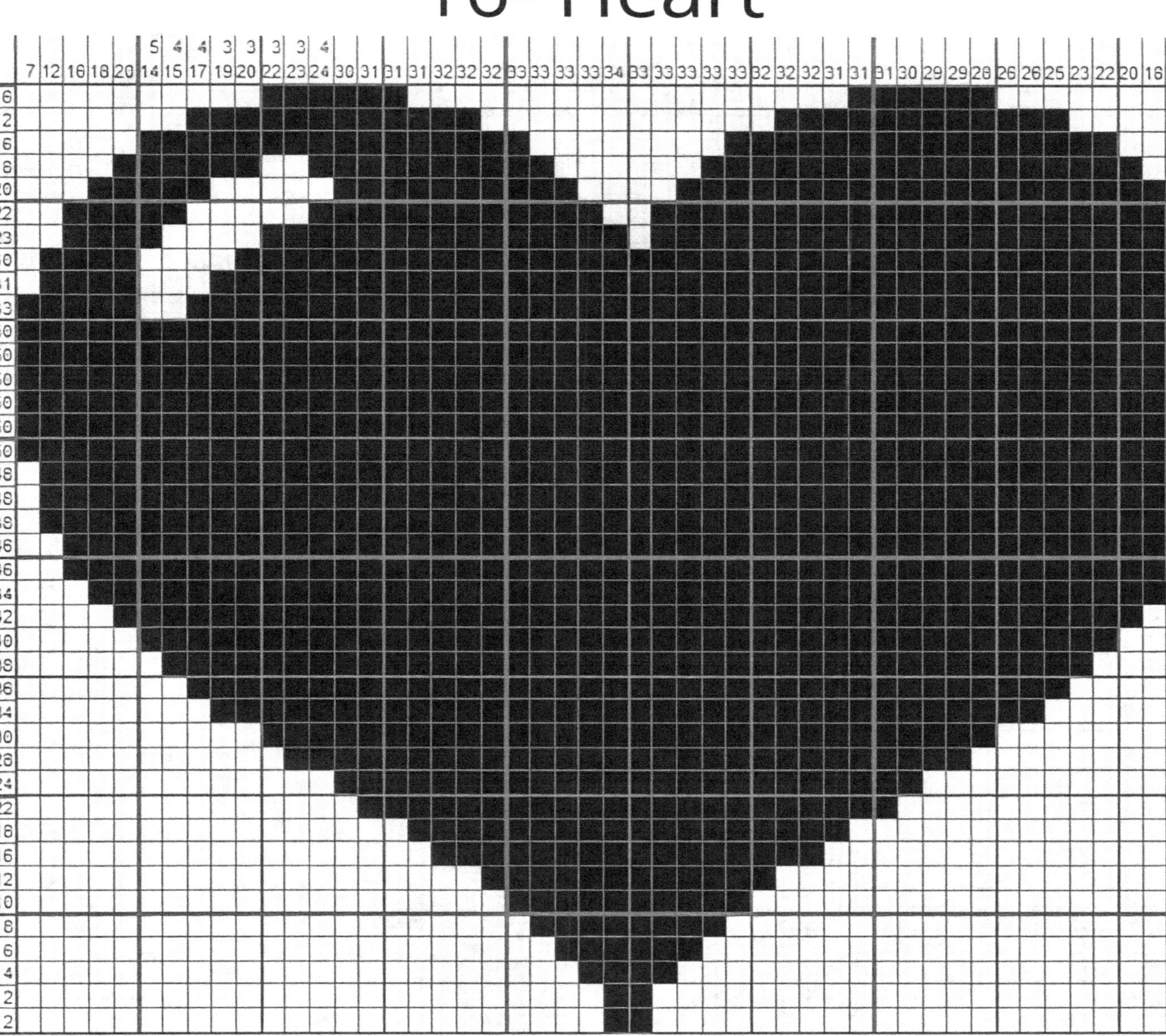

17- Flamingo

18- Dollar

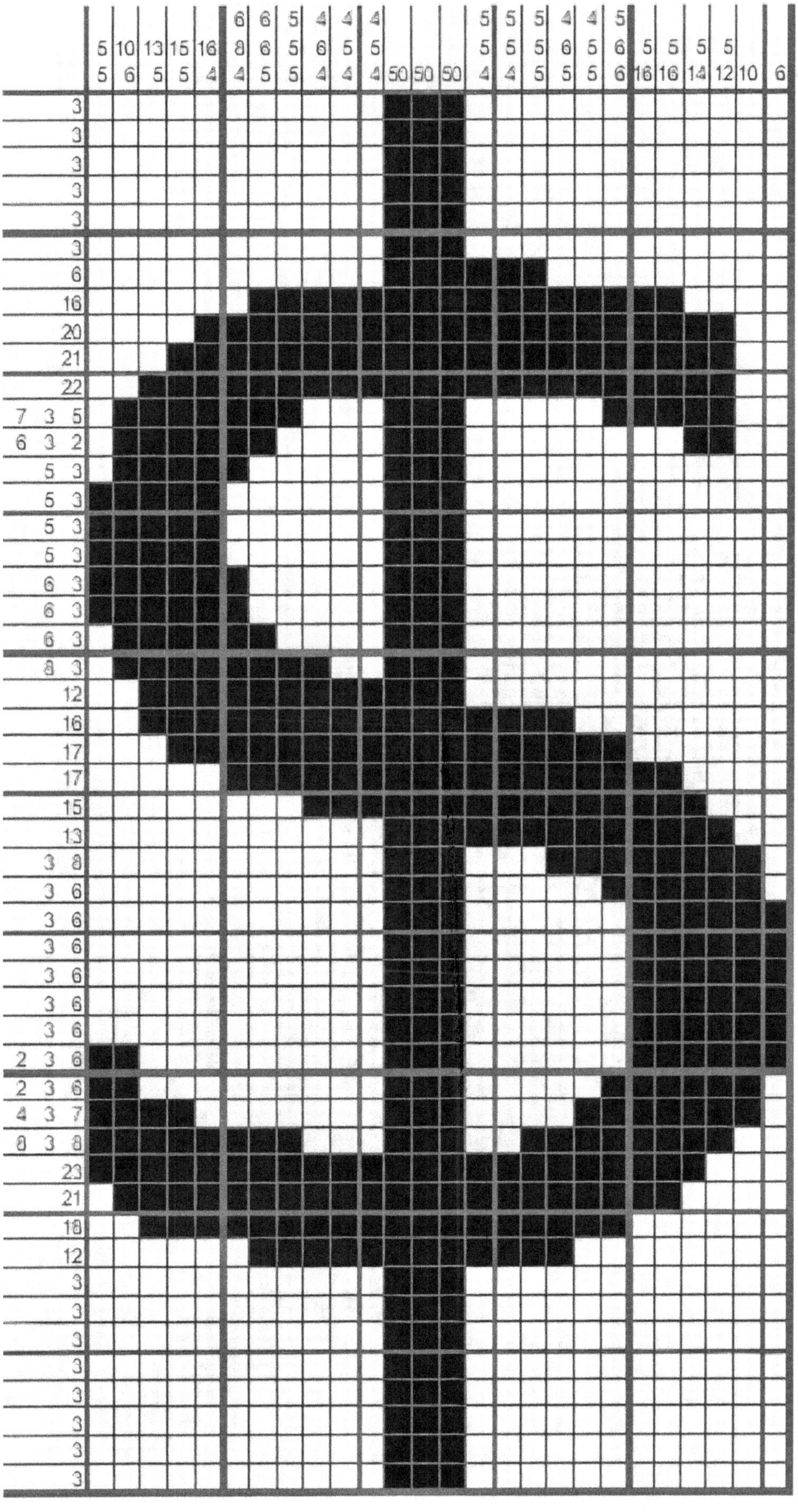
5 5 | 10 6 | 13 5 | 15 5 | 16 4 | 6 8 4 | 6 6 5 | 5 5 5 | 4 6 4 | 4 5 4 | 4 5 4 | 50 | 50 | 50 | 5 5 4 | 5 5 4 | 5 5 5 | 4 6 5 | 4 5 5 | 5 6 6 | 5 16 | 5 16 | 5 14 | 5 12 | 10 | 6
3
3
3
3
3
3
6
16
20
21
22
7 3 5
6 3 2
5 3
5 3
5 3
5 3
6 3
6 3
6 3
8 3
12
16
17
17
15
13
3 8
3 6
3 6
3 6
3 6
3 6
3 6
2 3 6
2 3 6
4 3 7
8 3 8
23
21
18
12
3
3
3
3
3
3
3
3

19- Cat

Column clues: 0 | 2 | 2 | 3 | 2 | 2 | 2 | 2 | 2 | 2 | 2 | 3 | 4 | 7 | 10 | 11 | 12 | 14 | 15 | 16 | 17 | 18 | 18 | 19 | 19 | 20 | 17 2 | 16 2 | 15 | 15 | 16 | 19 | 20 | 22 | 25 | 28 | 18 7 | 16 3 | 14 2 | 4 7 2 | 3 6 | 6 | 6 | 6 | 6 | 5 | 4 | 4 | 3 | 0

Row clues:
0
1
2
5 2
7 3
8 4
10 4
10 3
10 3
9 4
10 4
16
19
21
22
22
22
21
21
21
22
22
22
22
19 4
17 3
16 3
16 2
16 2
16 2
25 4
9 11 3
3
0

20- Watch

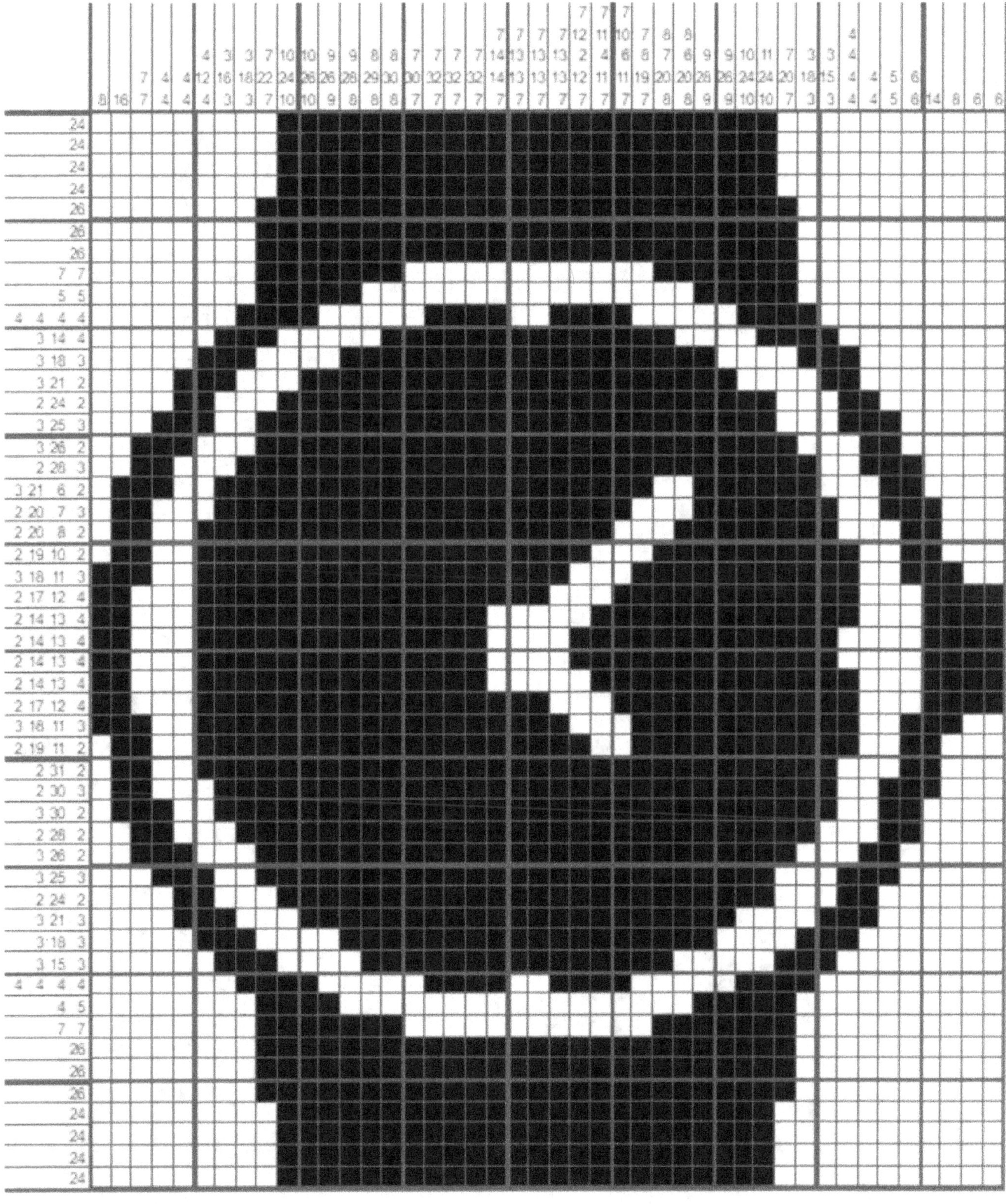

21- Bear

22- Bell

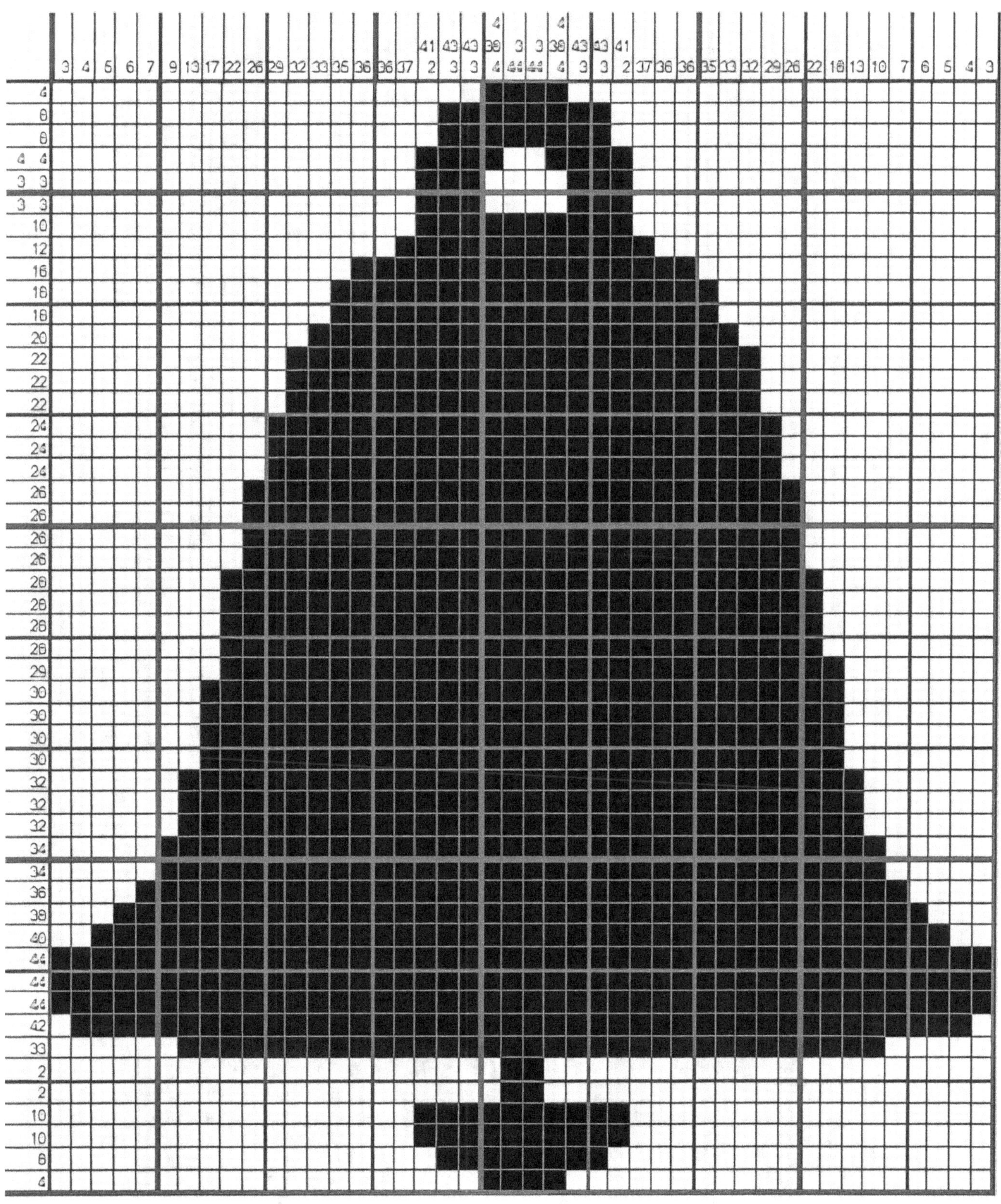

23- Chair

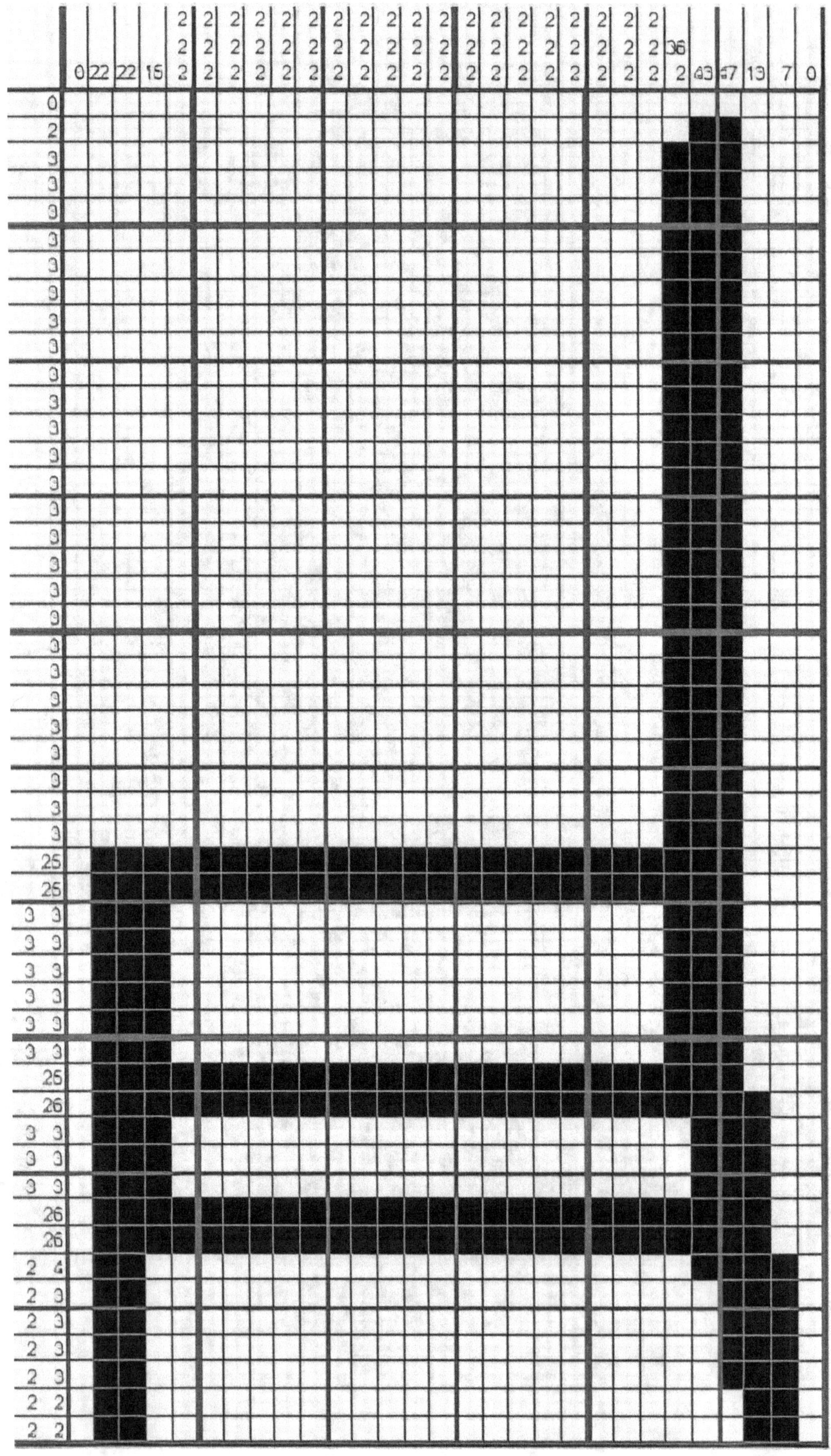

24-Drone

Col	Clue
1	2
2	2
3	2
4	2
5	2
6	2
7	2
8	2
9	0
10	3
11	8 12
12	9 14
13	2 3 3
14	2 2 3
15	2 2 3
16	2 2 2
17	2 2 3
18	2 2 2
19	2 2 2
20	2 6
21	7
22	2 3
23	2 2
24	2 2
25	2 2
26	2 2
27	2 2
28	2 2
29	2 3
30	7
31	2 6
32	2 2 2
33	2 2 2
34	2 2 2
35	2 2 2
36	2 2 3
37	2 2 3
38	2 3 3
39	9 14
40	8 12
41	3
42	0
43	2
44	2
45	2
46	2
47	2
48	2
49	2
50	2

Row clues (top to bottom):

Row	Clue
1	2 2
2	8 11 11 8
3	8 11 11 8
4	2 2
5	2 2
6	2 2
7	2 2
8	2 2
9	2 2
10	28
11	26
12	2 2
13	2 2
14	5 5
15	8 8
16	4 10 3
17	3 8 3
18	3 3
19	2 2
20	2 2
21	2 2
22	2 2
23	2 2
24	2 2
25	2 2
26	2 2
27	2 2
28	2 2
29	2 2
30	2 2
31	2 2

25- Flower

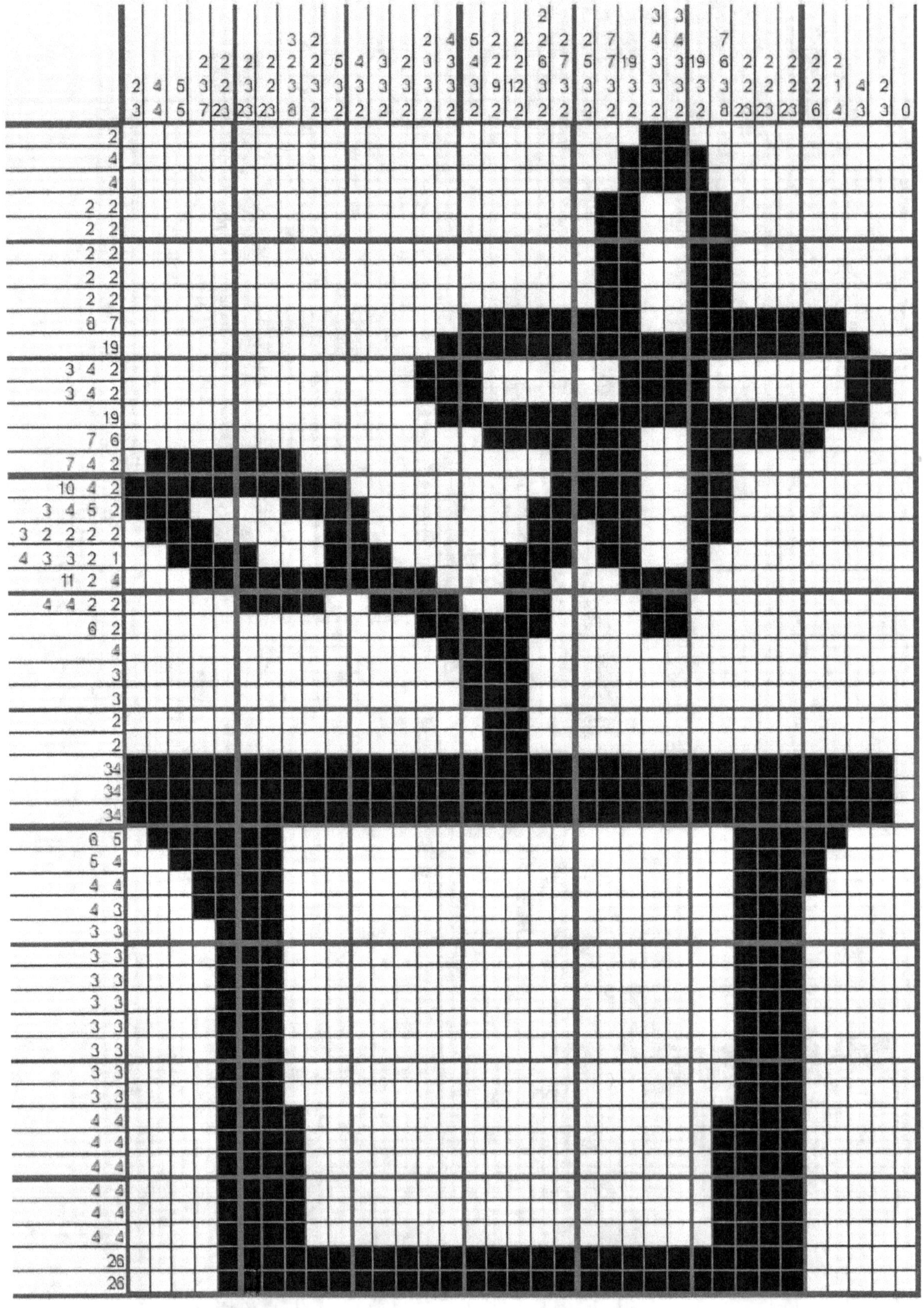

26- Lollipop

Columns:

1	2	3	4	5	6	7	8	9	10	11	12	13	14	15	16	17	18	19	20	21	22	23	24	25	26	27	28	29	30
11	16	19	22	8 11	6 9	4 8	4 5 7	4 9 7	4 11 6	3 3 3 6	4 3 2 6	3 2 3 3 6	3 3 5 2 6	3 2 3 1 2 6	3 2 2 2 8	3 2 2 2 15	4 2 2 2 21	3 2 7 27	4 2 5 6 16	8 7 11	8 8 6	9 9	11 11	24	22	19	16	12	5

Rows:

7
13
16
7 7
7 7
6 4 6
5 16
5 4 11
5 3 8
5 3 8
5 2 3 7
5 3 5 6
4 3 3 2 7
4 3 2 2 7
4 3 2 2 6
5 3 2 2 6
5 2 2 6
5 3 2 6
6 4 3 6
6 8 7
6 4 7
7 7
8 8
9 9
24
23
20
19
14
8
4
4
3
3
4
4
4
4
4
4
4
4
4
4
5
4
4
4
4
4

27- House

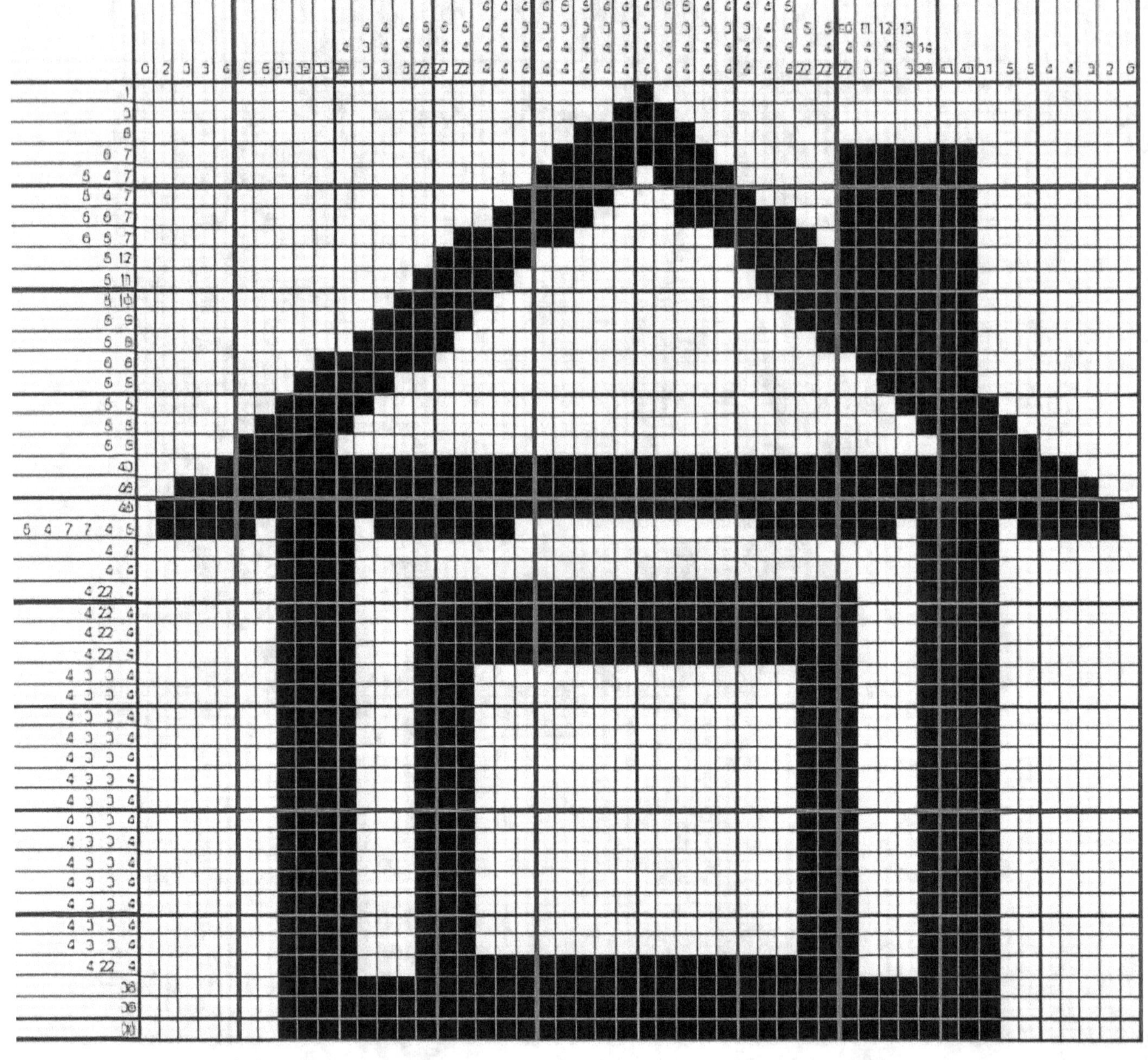

28- Owl

29- ?

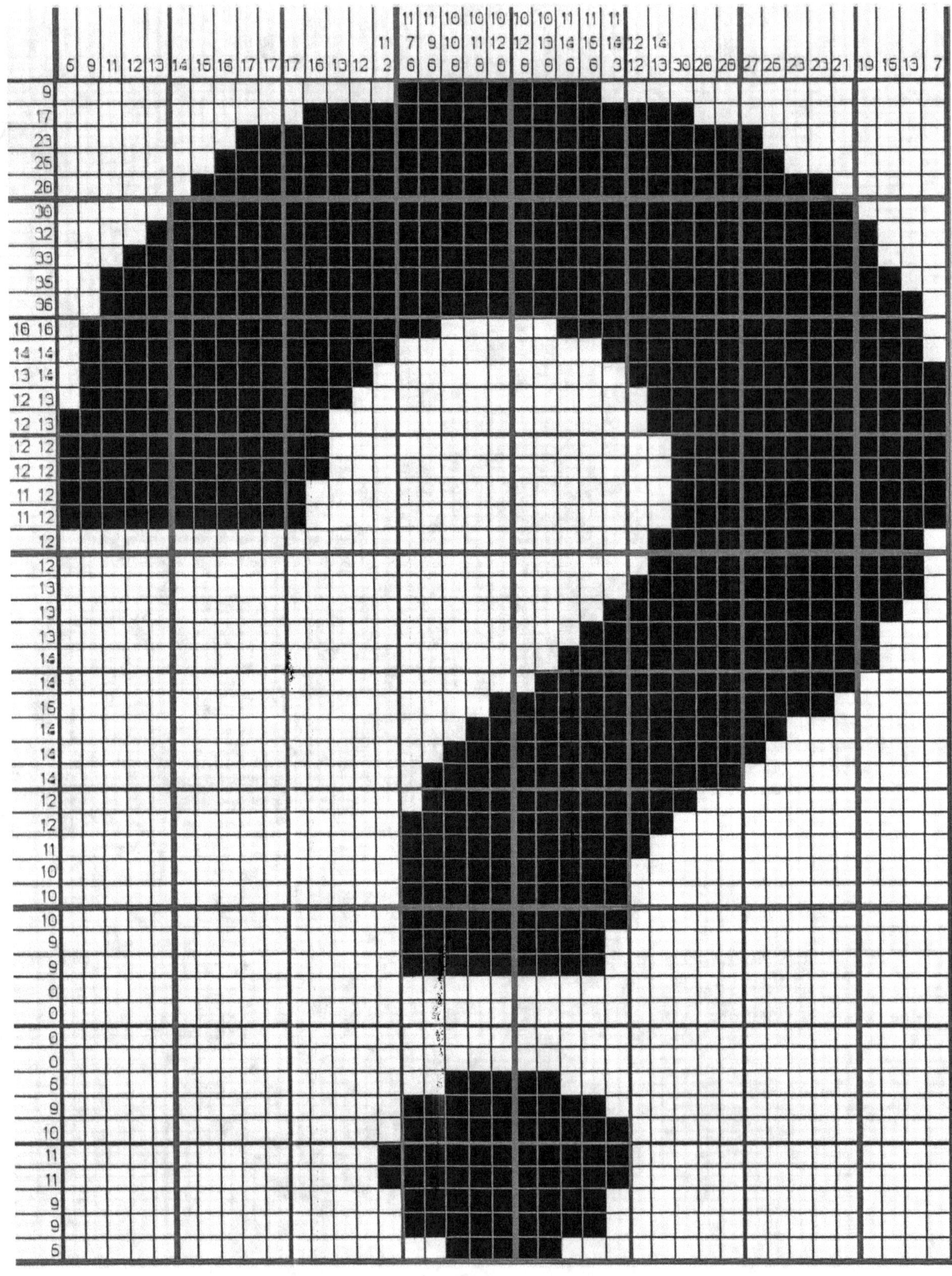

30- Skull

Column clues (left to right):

Col	Clue
1	3
2	6 4
3	6 6
4	9 8
5	9 8
6	9 9
7	9 9
8	8 10
9	7 8
10	6 6
11	1 5
12	10 2 5
13	15 5 3
14	23 1
15	16 5
16	15 4
17	15 3
18	16 3
19	16 3
20	17 8
21	17 9
22	18 11
23	20 3 7
24	25 6
25	24 8
26	24 9
27	24 6
28	20 3 7
29	16 11
30	17 9
31	17 8
32	16 4
33	16 3
34	15 3
35	16 4
36	16 5
37	23 1
38	15 5 3
39	12 2 5
40	1 5
41	6 6
42	7 7
43	8 10
44	9 9
45	9 9
46	9 8
47	9 8
48	6 6
49	6 4
50	3

Row clues (top to bottom):

Row	Clue
1	6
2	12
3	16
4	19
5	4 22 4
6	5 24 5
7	5 26 5
8	8 26 8
9	10 27 10
10	50
11	10 28 10
12	9 28 9
13	9 28 9
14	2 28 2
15	28
16	28
17	28
18	28
19	5 8 5
20	3 6 4
21	2 4 2
22	1 4 1
23	2 4 2
24	3 6 3
25	4 3 2 4
26	4 4 5 4
27	1 10 10 1
28	2 7 9 1 9 7 2
29	12 8 2 8 12
30	13 4 2 4 13
31	12 12 12
32	11 12 11
33	8 12 8
34	6 10 6
35	6 8 5
36	4 6 4

31- Tree

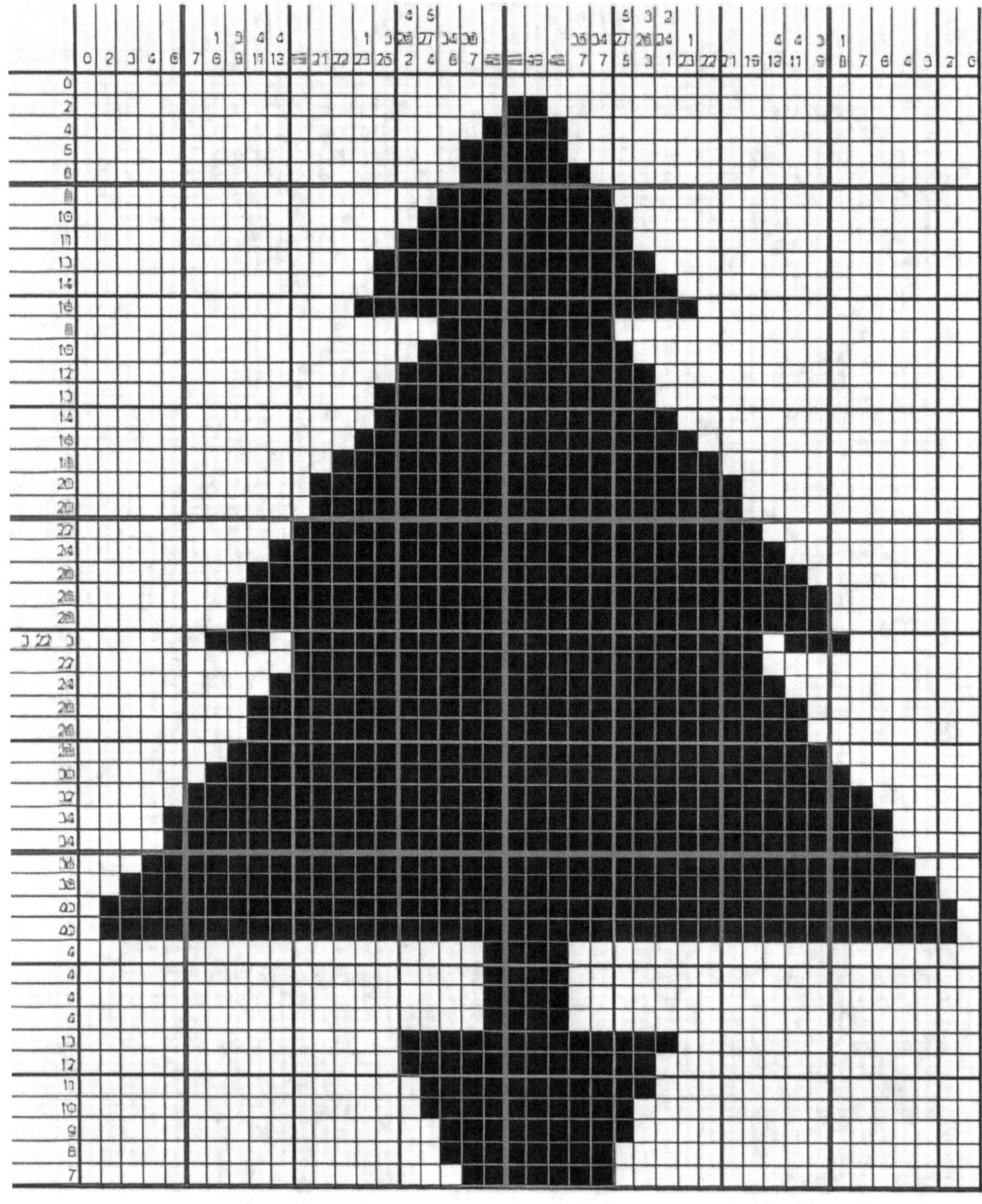

32- Snake

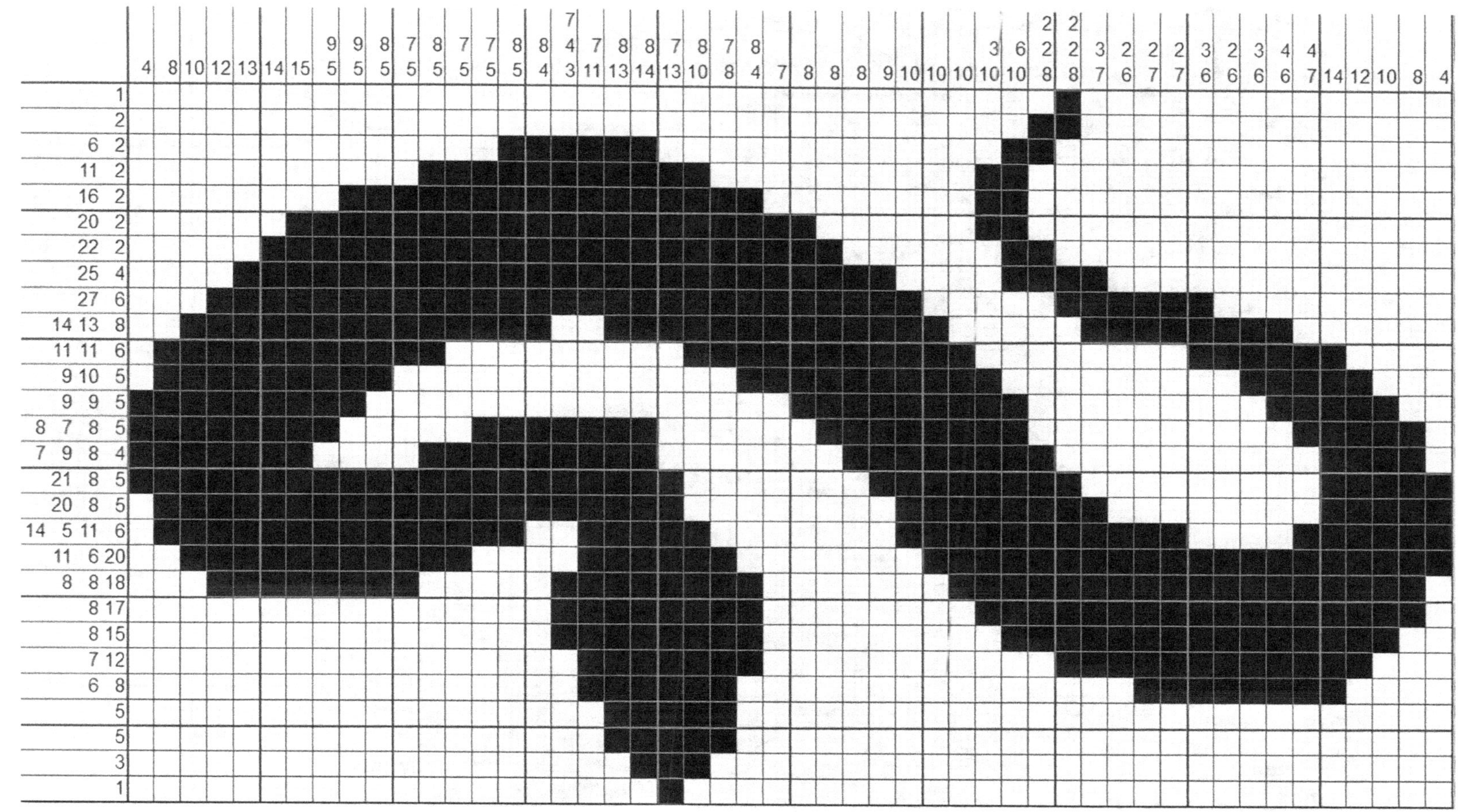

33- Rabbit

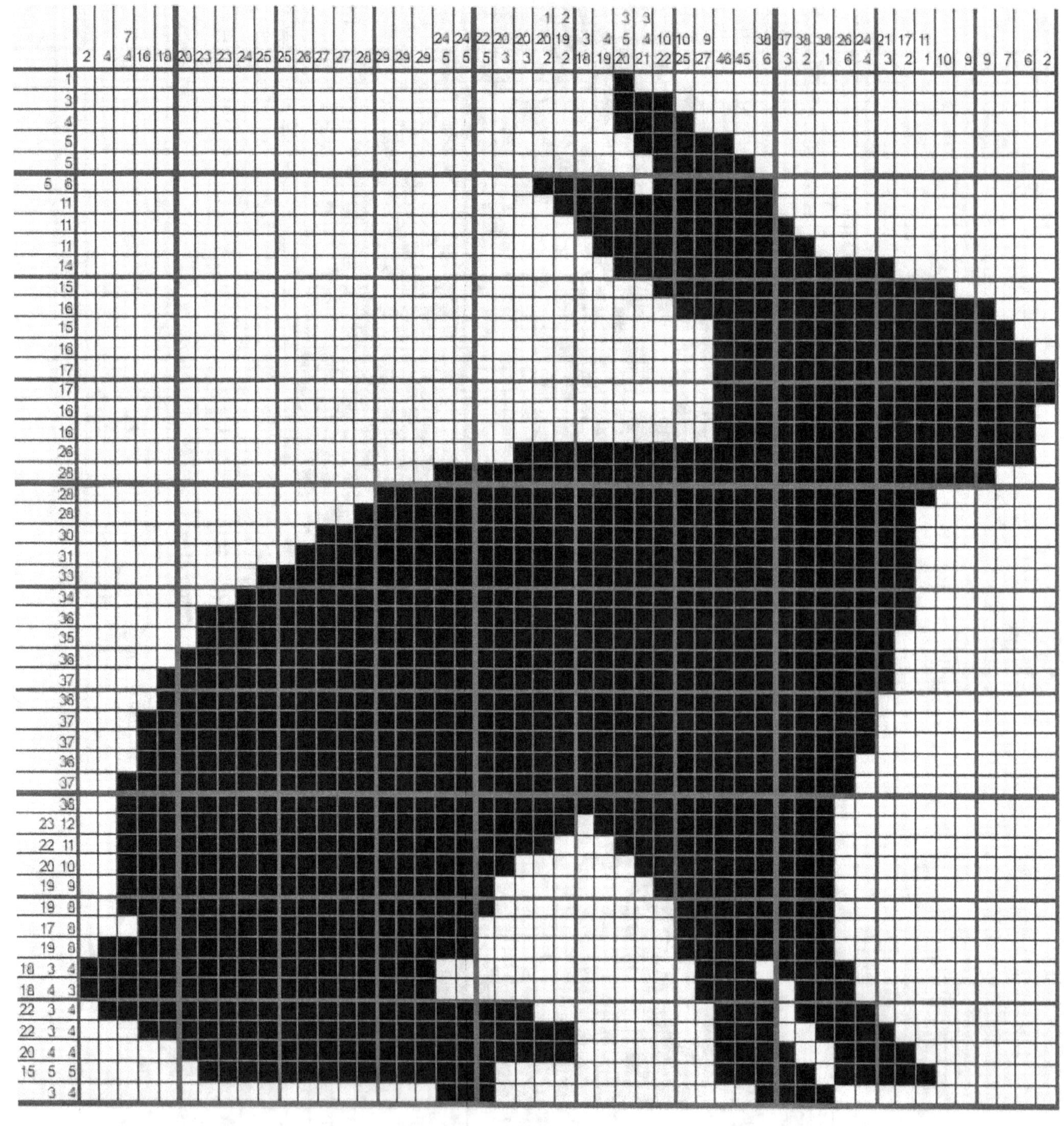

34- Ring

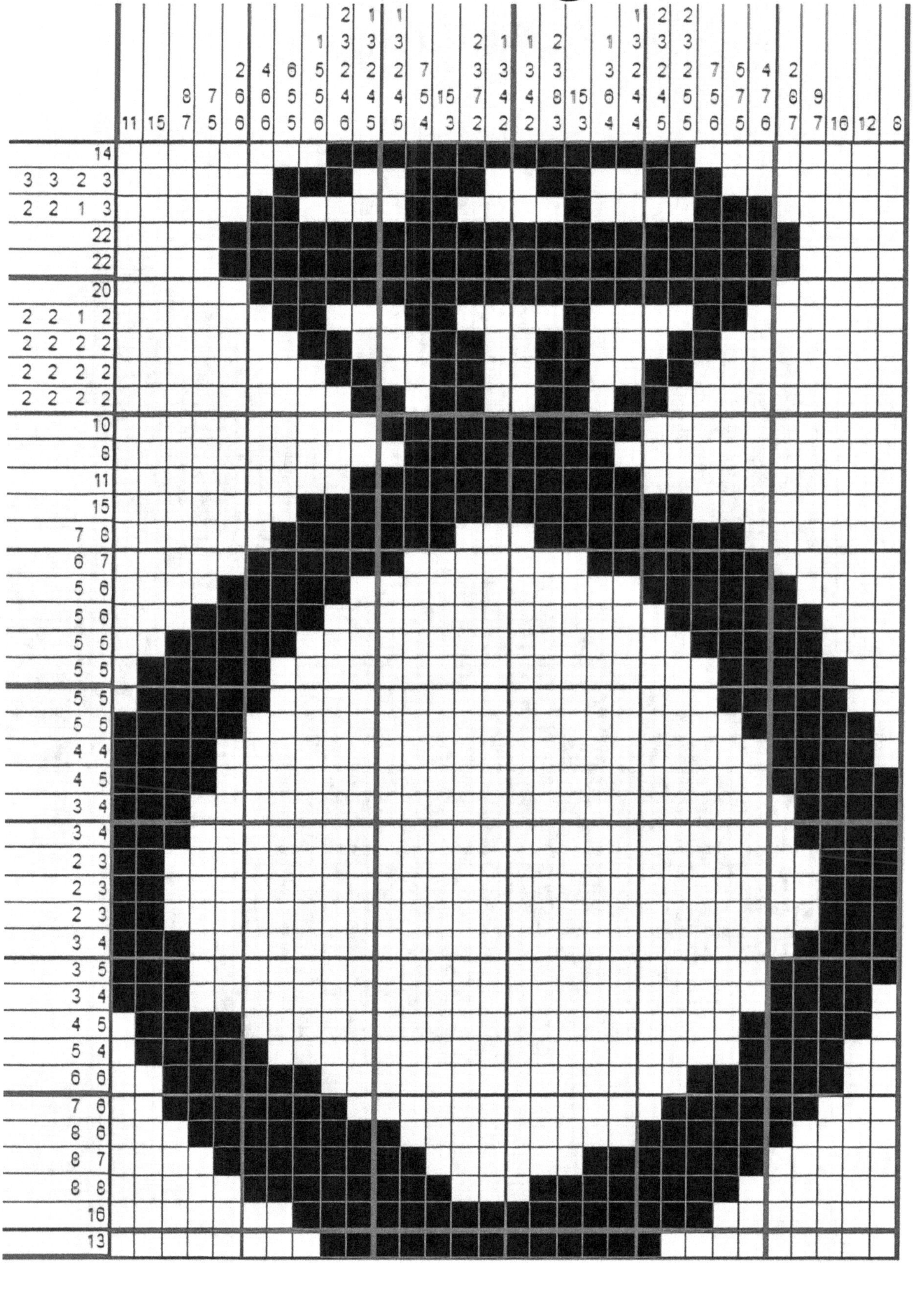
11
15
8 7
7 5
2 6 6
4 6 6
6 5 5
1 5 5 6
2 3 2 4 6
1 3 2 4 5
1 3 2 4 5
7 5 4
15 3
2 3 7 2
1 3 4 2
1 3 4 2
2 3 8 3
15 3
1 3 6 4
1 3 2 4 4
2 3 2 4 5
2 3 2 5 5
7 5 6
5 7 5
4 7 6
2 8 7
9 7
16
12
8
14
3 3 2 3
2 2 1 3
22
22
20
2 2 1 2
2 2 2 2
2 2 2 2
2 2 2 2
10
8
11
15
7 8
6 7
5 6
5 6
5 5
5 5
5 5
5 5
4 4
4 5
3 4
3 4
2 3
2 3
2 3
3 4
3 5
3 4
4 5
5 4
6 6
7 6
8 6
8 7
8 8
16
13

35- Paw

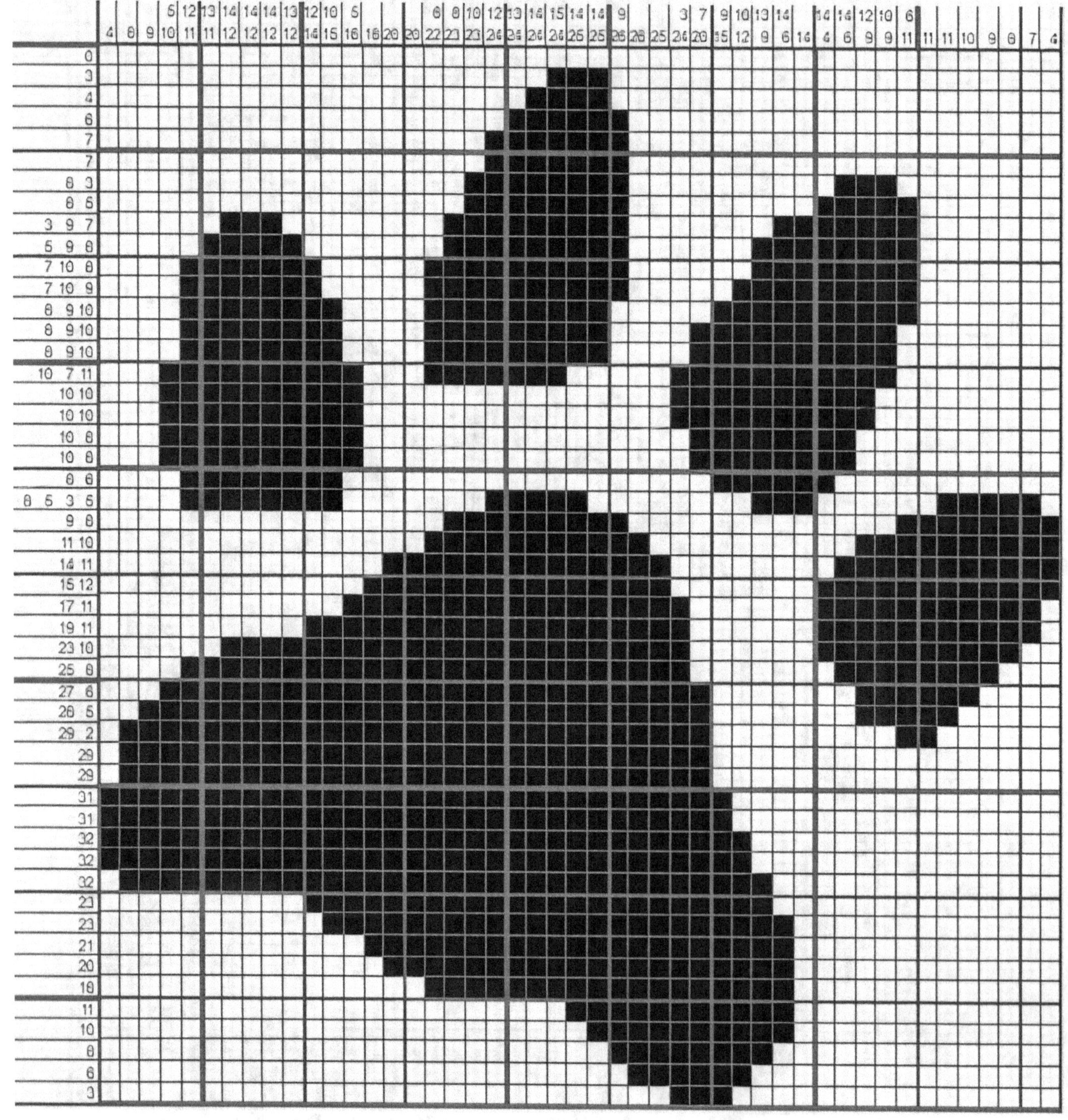

36- Piano

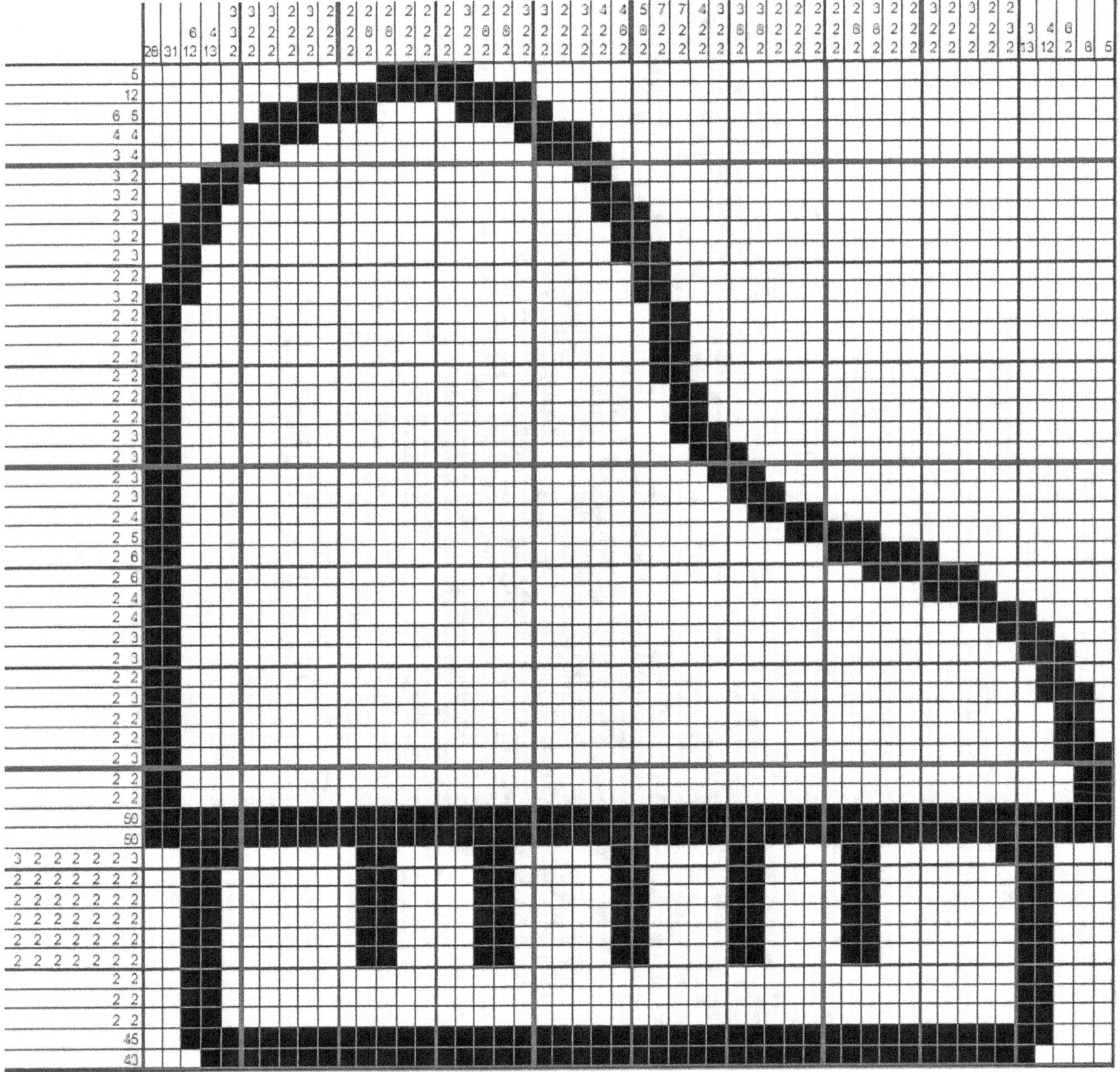

37- Moustache

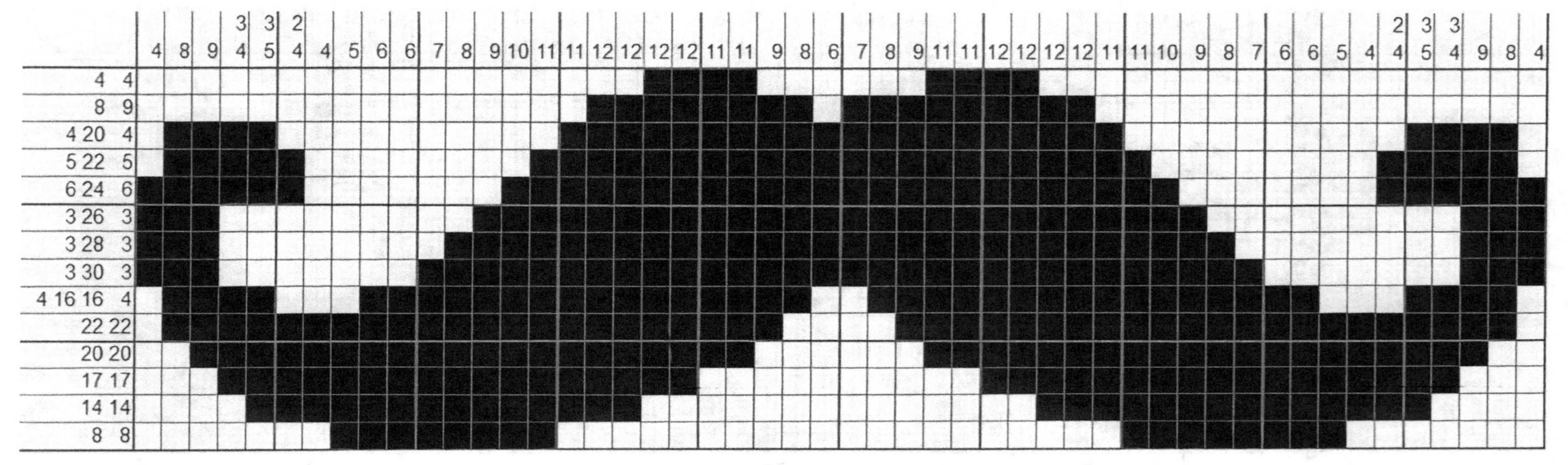

38- Monkey

39- Ice Cream

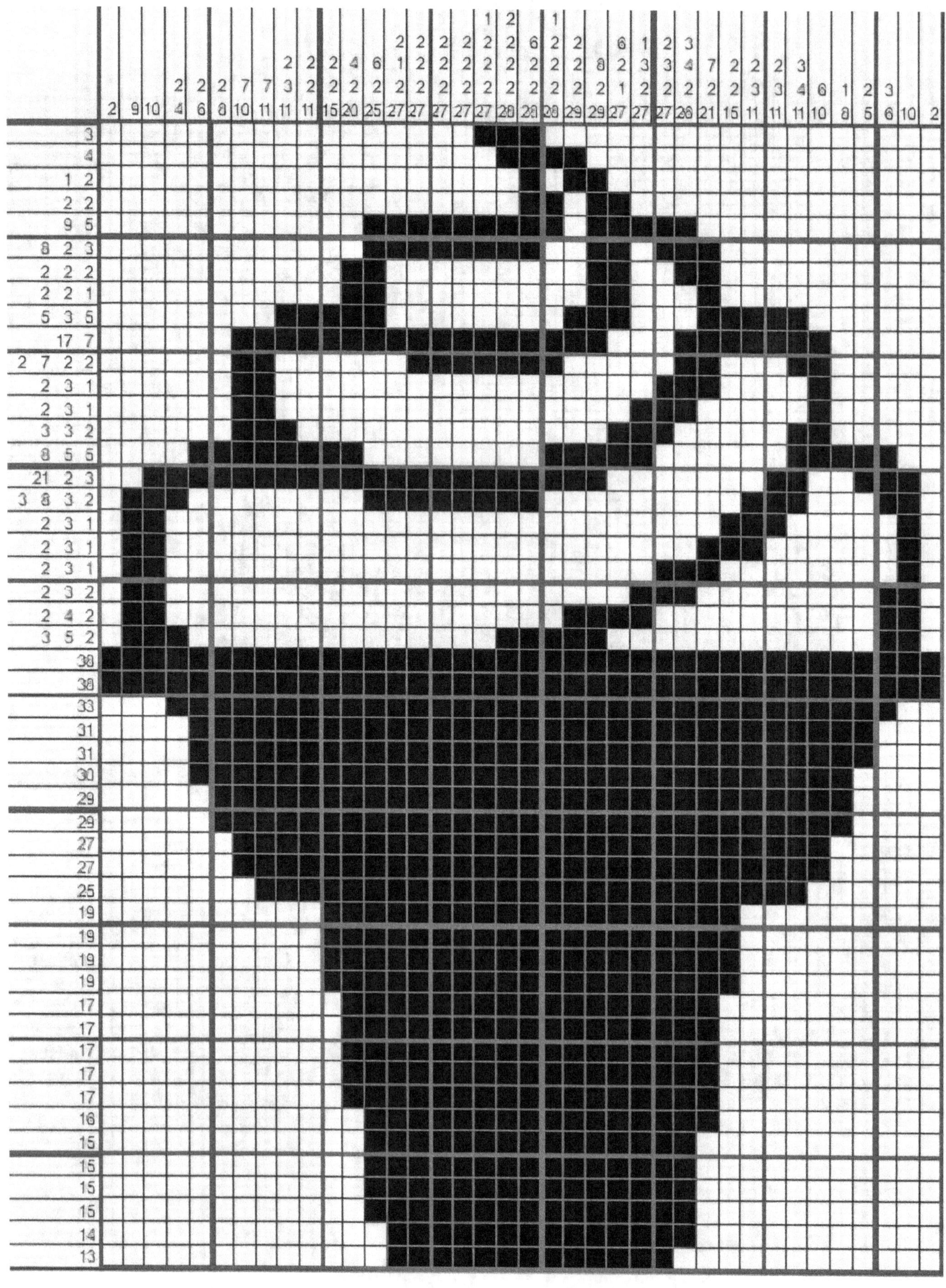

40- Husky

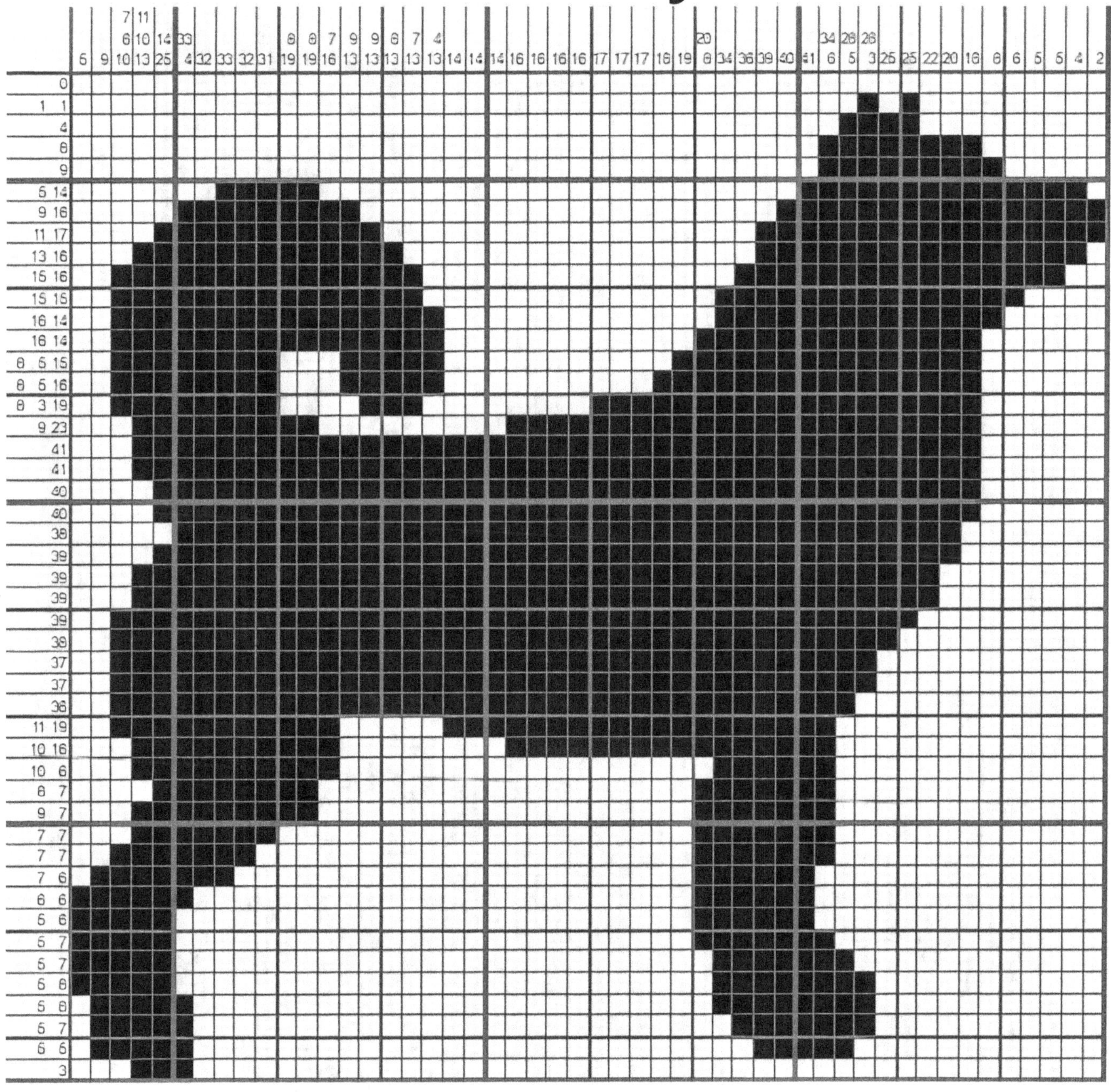

41- Gun

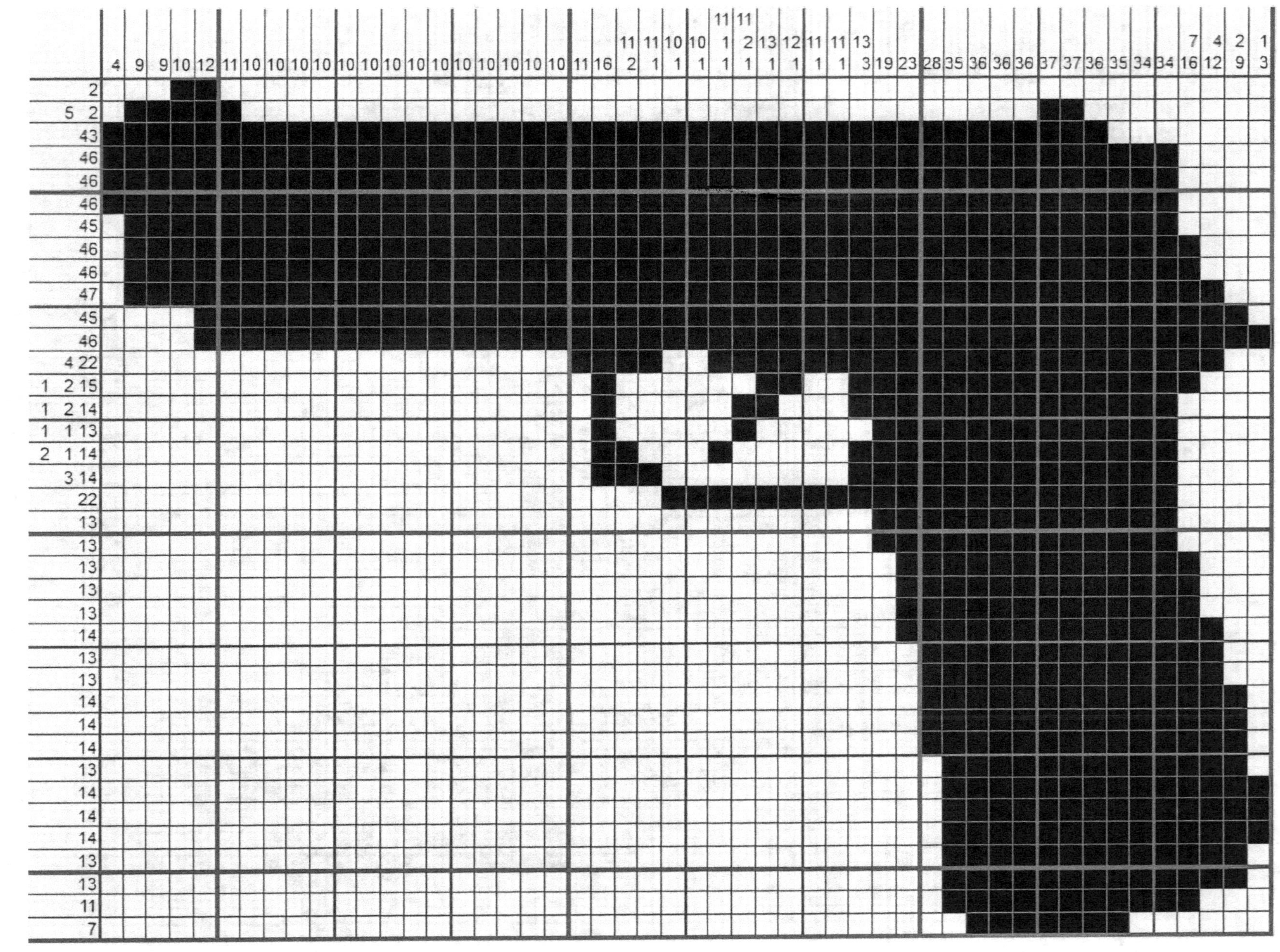

42- Gift

43- Eiffel Tower

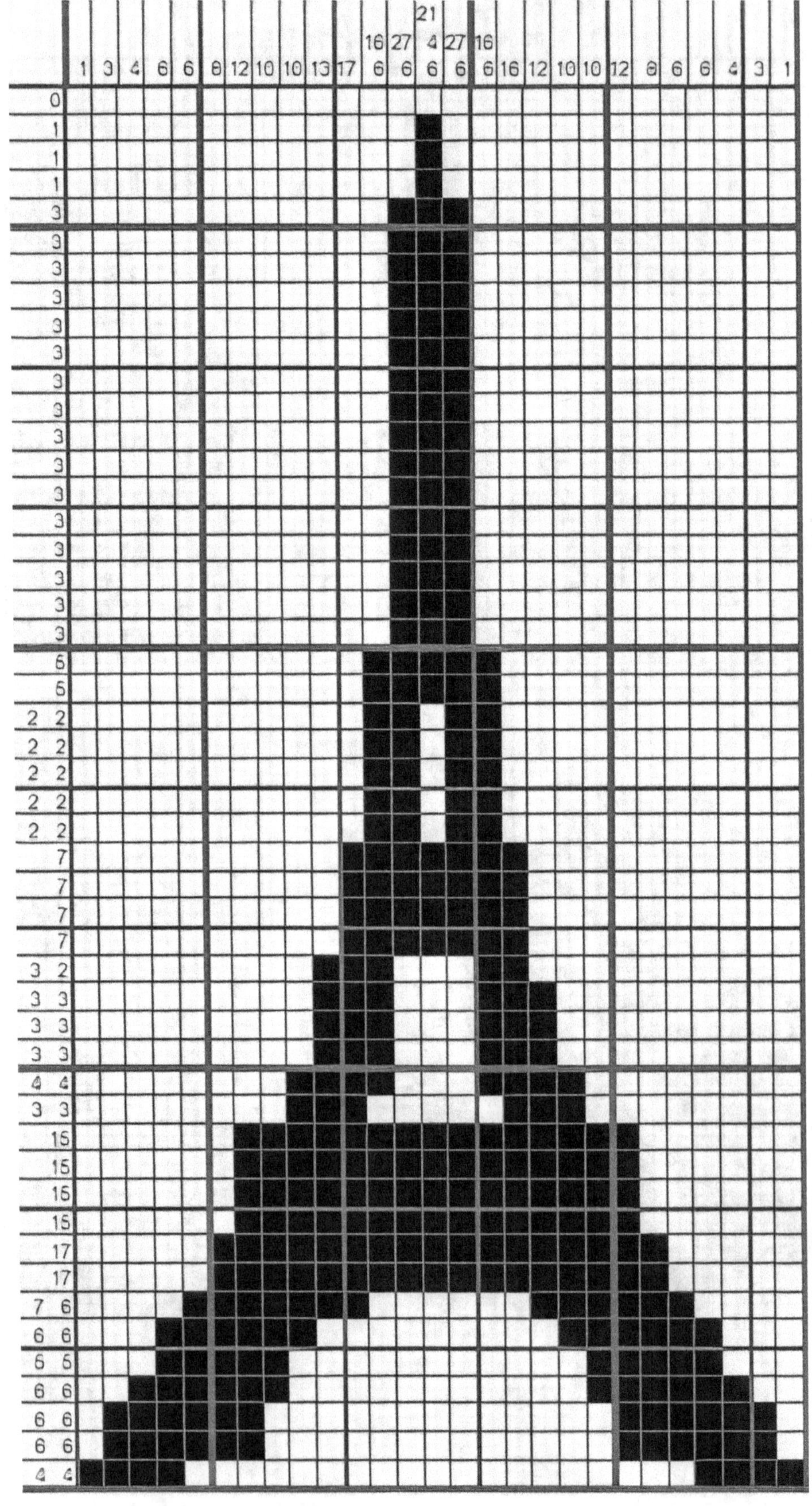

44- Einstein

Columns (left to right):

0 | 5 | 8 | 10 | 11 | 11 | 3 6 11 | 5 8 12 | 7 8 12 | 7 8 13 | 8 10 14 | 8 10 14 | 19 15 | 7 9 16 | 4 9 16 | 4 28 | 4 27 | 6 1 17 | 1 2 12 | 1 1 11 | 1 3 10 | 1 2 2 3 5 | 1 1 2 2 2 3 | 1 1 1 2 | 2 2 2 2 | 1 1 3 3 3 3 | 1 1 1 1 2 2 5 | 2 3 6 | 1 1 2 3 8 | 6 4 1 8 | 2 3 3 2 8 | 3 2 2 4 3 | 1 2 1 2 2 | 1 1 2 2 3 | 1 2 3 4 | 2 16 | 5 25 | 5 7 17 | 14 16 | 17 15 | 17 15 | 16 14 | 16 13 | 13 12 | 9 1 11 | 1 1 1 11 | 10 | 7 | 4 | 0

Rows (top to bottom):

7 4
9 9
12 10
12 9
8 1 5 10
7 5 1 14
7 1 2 2 1 8
5 1 3 6 7
3 1 2 1 1 8
4 1 7
7 1 8
11 1 7
11 1 8
12 2 1 7
11 1 1 7
11 2 1 1 4
11 2 1 2
6 2 1 2 1 2
6 2 8 1
2 2 12 1
3 1 2 2
6 5
7 1 8
8 3 2 7
9 4 2 9
12 4 2 2 10
16 7 13
20 4 14
22 1 13
22 6 14
20 8 14
20 8 14
21 7 14
20 5 13
21 5 13
20 5 12
20 5 12
0

45- Crab

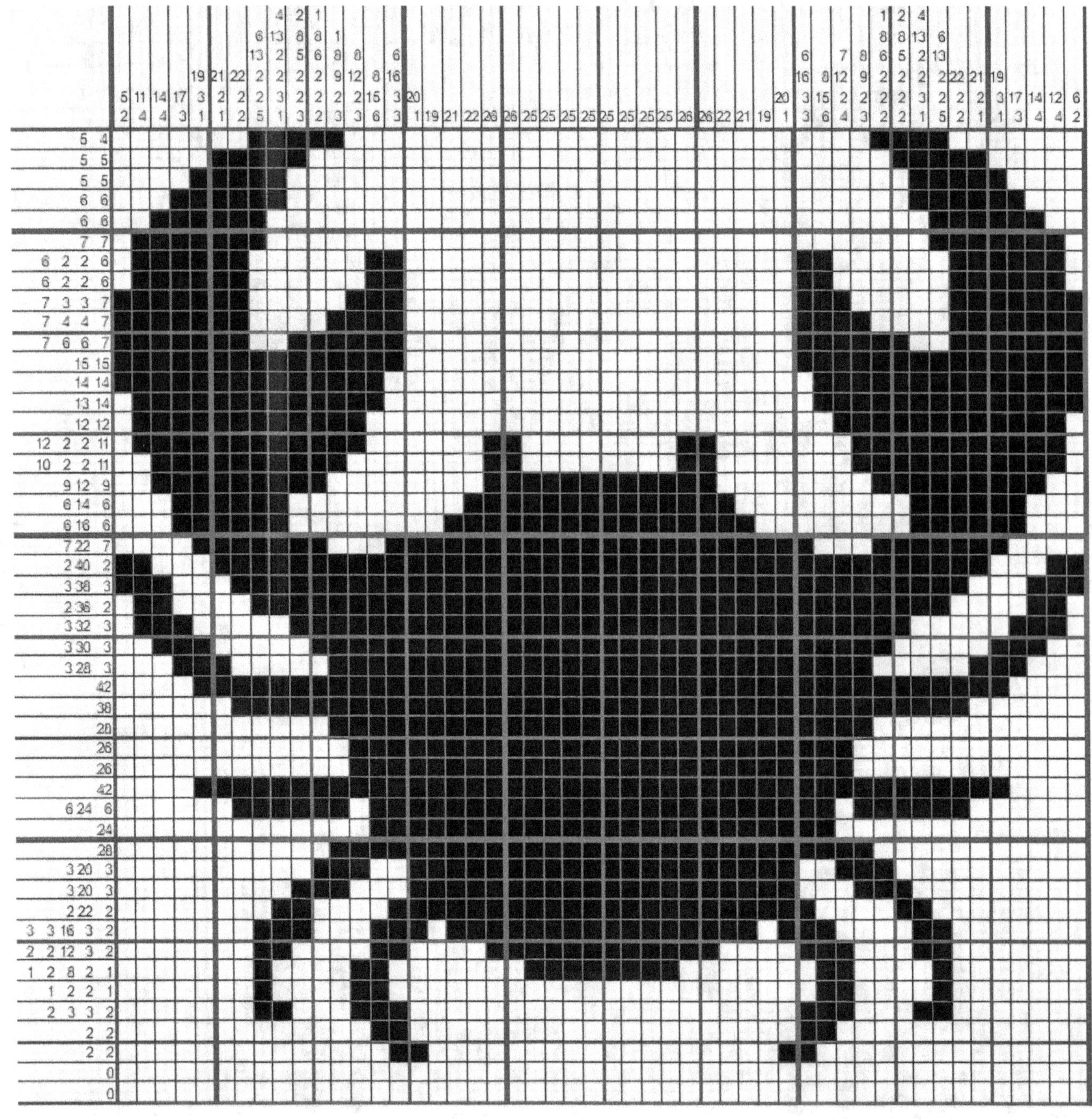

46- Controller

Columns (left to right):

0 | 20 | 23 | 25 | 26 | 5 16 | 5 3 14 | 4 3 13 | 4 3 13 | 4 9 12 | 4 9 11 | 4 9 11 | 4 9 10 | 4 3 10 | 4 3 9 | 5 3 9 | 6 9 | 18 | 16 | 16 | 16 | 16 | 16 | 16 | 16 | 16 | 16 | 16 | 16 | 16 | 16 | 16 | 16 | 18 | 6 9 | 5 9 | 4 2 9 | 4 4 10 | 4 4 10 | 4 2 2 11 | 4 4 11 | 4 4 12 | 4 2 13 | 4 13 | 5 14 | 5 16 | 26 | 25 | 23 | 20 | 0

Rows (top to bottom):

6 6
38
42
44
5 22 5
5 4 20 2 5
4 4 18 4 4
4 4 16 4 4
4 10 16 2 4
4 10 16 4
4 10 16 4
4 4 16 2 4
5 4 18 4 5
5 4 18 4 5
6 20 2 6
8 24 8
48
17 17
17 17
16 16
16 16
15 15
15 15
14 14
13 13
12 12
11 11
8 8
0

47- Boot

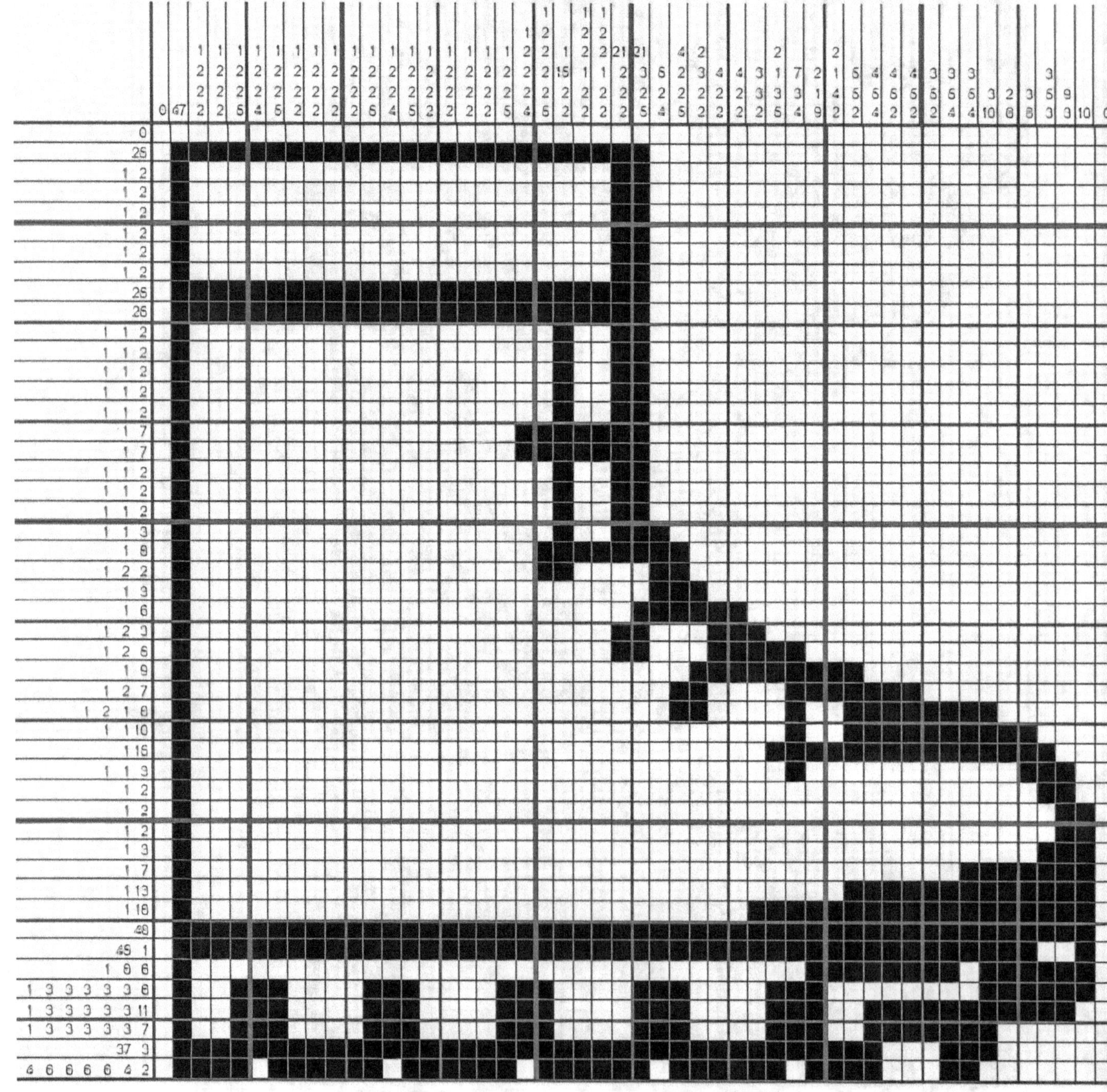

48- Boat

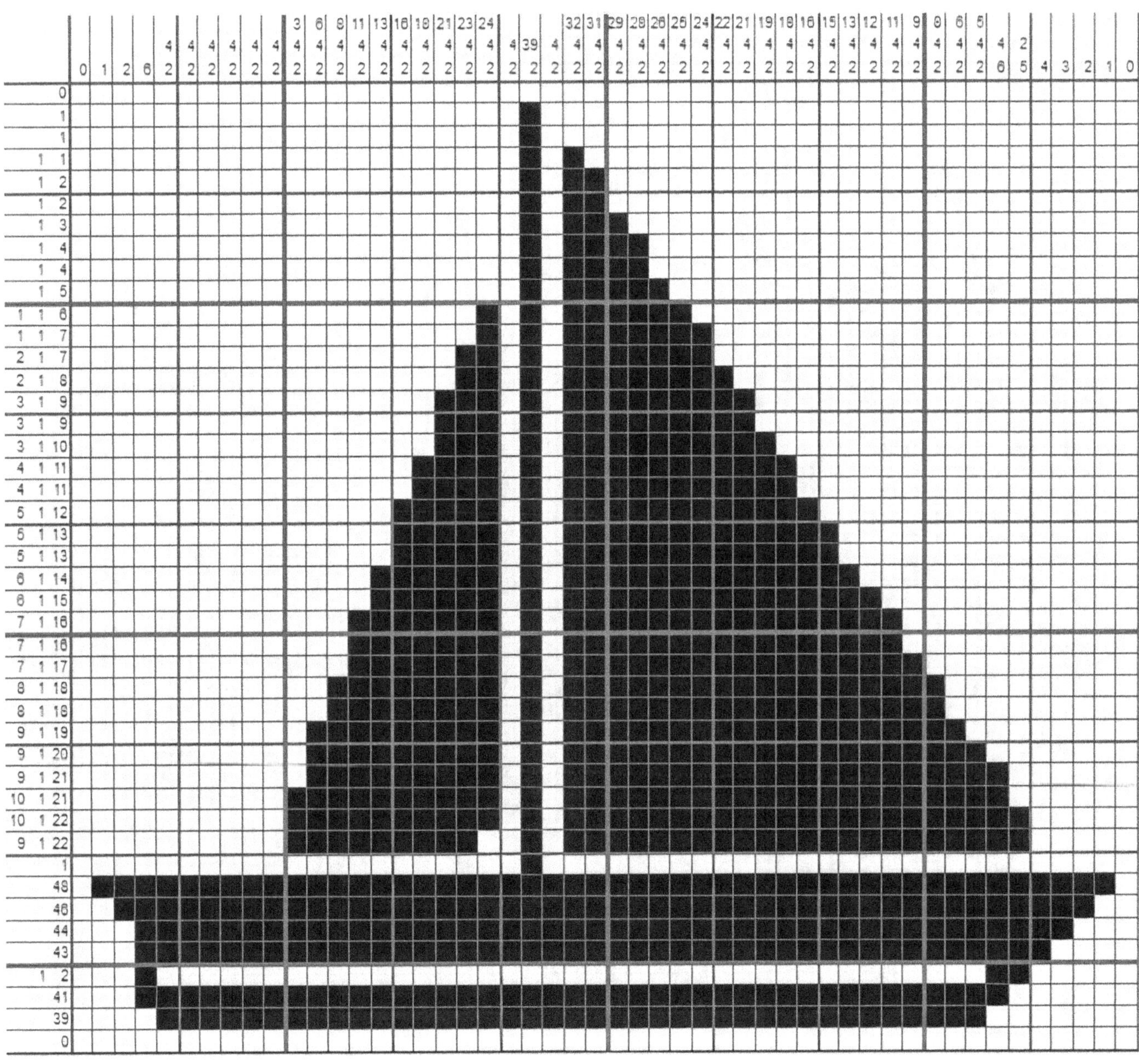

www.ingramcontent.com/pod-product-compliance
Lightning Source LLC
Chambersburg PA
CBHW081353160726
48000CB00010B/3329

9798692900562